云计算与网络安全研究

杜彩凤 著

北京工业大学出版社

图书在版编目（CIP）数据

云计算与网络安全研究 / 杜彩凤著. — 北京：北京工业大学出版社，2019.11（2022.5 重印）

ISBN 978-7-5639-6897-8

Ⅰ. ①云… Ⅱ. ①杜… Ⅲ. ①云计算—研究②计算机网络—网络安全—研究 Ⅳ. ① TP393.027 ② TP393.08

中国版本图书馆 CIP 数据核字（2019）第 145868 号

云计算与网络安全研究

著　　者：	杜彩凤
责任编辑：	李俊焕
封面设计：	点墨轩阁
出版发行：	北京工业大学出版社
	（北京市朝阳区平乐园 100 号　邮编：100124）
	010-67391722（传真）　bgdcbs@sina.com
经销单位：	全国各地新华书店
承印单位：	三河市明华印务有限公司
开　　本：	787 毫米 ×1092 毫米　1/16
印　　张：	11.5
字　　数：	230 千字
版　　次：	2019 年 11 月第 1 版
印　　次：	2022 年 5 月第 3 次印刷
标准书号：	ISBN 978-7-5639-6897-8
定　　价：	48.00 元

版权所有　翻印必究

（如发现印装质量问题，请寄本社发行部调换 010-67391106）

前　言

网络以其丰富的信息资源和灵活的服务方式正越来越广泛地影响着人们的生活，人们依赖网络的各种应用及信息共享服务已经非常普及。越来越多的数据泄漏事故、勒索软件和其他类型的网络攻击，使得安全成为一个热门话题。在错综复杂的网络环境中，信息的传递和共享使安全问题变得越来越突出，网络安全问题在整个网络应用中不容回避，对网络安全的相关知识学习和研究已经成为人们生活和工作中非常重要的组成部分。

云计算作为一门新兴技术，给网络安全提供机遇的同时也带来了诸多挑战，如何在云计算应用基础上架构更完善的网络安全体系值得深入研究。

本书第一章为绪论，主要阐述了云计算与计算机网络、网络协议与网络体系结构和网络安全的评价标准等内容；第二章为计算机网络安全概述，主要阐述了计算机面临的主要威胁、计算机网络信息安全体系、网络安全的攻击类型和企业网络面临的威胁等内容；第三章为云计算理论研究，主要阐述了云计算的实现机制、云计算与数据中心、云计算的标准化需求和我国云计算的发展历程与趋势等内容；第四章为计算机病毒及其防范措施，主要阐述了计算机病毒概述、计算机病毒的分类、计算机病毒结构及传播途径和计算机病毒的防范措施等内容；第五章为计算机网络操作系统安全，主要阐述了操作系统安全概述、常用的网络操作系统以及网络操作系统的选择等内容；第六章为网络信息安全管理体系，主要阐述了信息安全管理体系标准、云安全、信息安全风险评估和网络信息安全管理措施等内容；第七章为云应用安全与数据安全，主要阐述了云应用安全和云数据安全等内容；第八章为云计算安全分析与安全体系，主要阐述了云计算安全事件、云计算安全威胁、云计算的安全性评估和面向服务的云计算安全体系等内容。

全书共八章，约 20 万字，由中国石油大学胜利学院杜彩凤撰写。为了确保研究内容的丰富性和多样性，在写作本书过程中参考了大量理论与研究文献，在此向涉及的专家学者们表示衷心的感谢。

本书还受到"山东省高等学校科技计划项目"（J17KB126）的资助，在此一并表示感谢。

限于作者能力水平，加之时间仓促，书中难免存在疏漏和错误之处，在此，恳请广大读者批评指正！

杜彩凤
2019 年 1 月

目 录

第一章 绪 论 ·· 1
- 第一节 云计算与计算机网络 ································· 1
- 第二节 网络协议与网络体系结构 ···························· 12
- 第三节 网络安全的评价标准 ································· 19

第二章 计算机网络安全概述 ·································· 25
- 第一节 计算机面临的主要威胁 ······························ 25
- 第二节 计算机网络信息安全体系 ···························· 28
- 第三节 网络安全的攻击类型 ································· 30
- 第四节 企业网络面临的威胁 ································· 41
- 第五节 计算机网络安全的发展趋势及研究意义 ·············· 43

第三章 云计算理论研究 ······································ 45
- 第一节 云计算的实现机制 ··································· 45
- 第二节 云计算与数据中心 ··································· 46
- 第三节 云计算的标准化需求 ································· 48
- 第四节 我国云计算的发展历程与趋势 ······················· 61

第四章 计算机病毒及其防范措施 ···························· 65
- 第一节 计算机病毒概述 ····································· 65
- 第二节 计算机病毒的分类 ··································· 69
- 第三节 计算机病毒结构及传播途径 ·························· 72
- 第四节 计算机病毒的防范措施 ······························ 74

第五章 计算机网络操作系统安全 ... 83
第一节 操作系统安全概述 ... 83
第二节 常用的网络操作系统 ... 88
第三节 网络操作系统的选择 ... 96

第六章 网络信息安全管理体系 ... 99
第一节 信息安全管理体系标准 ... 99
第二节 云安全 ... 102
第三节 信息安全风险评估 ... 104
第四节 网络信息安全管理措施 ... 112

第七章 云应用安全与数据安全 ... 119
第一节 云应用安全 ... 119
第二节 云数据安全 ... 140

第八章 云计算安全分析与安全体系 ... 151
第一节 云计算安全事件 ... 151
第二节 云计算安全威胁 ... 156
第三节 云计算的安全性评估 ... 163
第四节 面向服务的云计算安全体系 ... 166

参考文献 ... 171

第一章 绪 论

计算机网络技术是计算机技术和通信技术相结合的产物,代表着当前计算机系统结构发展的一个重要方向,也引起了人们对它的高度重视和极大兴趣。云计算一出现就受到亚马逊(Amazon)、谷歌(Google)、IBM、阿里巴巴等互联网巨头的热捧,云计算的发展使我们对网络的应用进入了一个更加先进的领域。本章重点介绍云计算与计算机网络安全的基础内容,以帮助读者对其有一个初步的认识。

第一节 云计算与计算机网络

一、了解云计算

(一)云计算的由来

几百年前的人们一定想不到人类居然可以进入太空再平安归来,他们也一定想不到未来人类不再需要厚厚的文件包、几十平方米的资料库,相册甚至是纸和笔。随着时间的推移,存储设备的外形越来越小,内存却越来越大,而这种"无限小"和"无限大"的趋势也将继续向它的极值飞跃,2006年,"云"应运而生。

(二)云计算的定义

之所以称为"云",是因为云计算(Cloud Computing)的一些功能非常类似于现实中云的特征,如云的体积通常较大;云的边界是模糊的,是可以动态伸缩的;云在空中是飘忽不定的,我们无法也无须判断它具体的位置。

在云计算概念诞生之前,很多公司已经能通过互联网提供诸多服务,随着服务内容和用户规模的不断增加,人们对于服务的可靠性、可用性的要求急剧增加,这种需求变化通过集群等方式很难被满足,于是各公司通过在各地建设数据中心来达成。直到互联网迅速发展和成熟后,才使效能计算成为可能,效能计算解决了传统计算机资源、网络以及应用程序的使用方法变得越来越复杂、管理成本变得越来越高的问题，效能计算按需分配的特点也为企业节省了大量的时间和设备成本，从而能够将更多的资源放在自身业务的发展上。对于像谷歌等的大公司来说，有能力建设分散于全球各地的数据中心来满足各自业务发展的需求，并且有富余的可用资源，于是谷歌就将自己的基础设施能力作为服务提供给相关的用户，这就是云计算的由来。

云计算采用虚拟化技术，使得跨系统的物理资源统一调配、集中运维成为可能。管理员只需通过一个界面就可以对虚拟化环境中的各台计算机的使用情况、性能等进行监控，发布一个命令就可以迅速操作所有的机器，而不需要在每台计算机上单独进行操作。而企业IT部门不再需要关心硬件技术细节，只需集中业务、流程设计即可。

云计算通过虚拟化技术能够提高设备利用率，整合现有应用部署，降低设备数量规模，一台云计算服务器通过虚拟化技术可以完成需要多台服务器如文档服务器、邮件服务器、照片处理服务器等共同完成的任务，服务器的利用潜力得到了最大程度的挖掘。云计算和虚拟化结合，提高了设备利用率，节省了设备数量。

云计算基本继承了效用计算所提倡的资源按需供应和用户按使用量付费的理念。网格计算为云计算提供了基本的框架支持。云计算和网格计算都希望将本地计算机上的计算能力通过互联网转移到网络计算机。与效用计算以及网络计算相比，云计算在需求方面已经有了一定的规模，另外，在技术方面也已经基本成熟，其发展也将更加脚踏实地。

（三）云部署模型

1. 公有云

（1）美国国家标准与技术研究院（NIST）对公有云的定义

公有云是一种用于公众的或大型工业组织的云基础设施，归属于提供云服务的运营商企业。公有云原则上对普通大众是开放的，在这里普通大众指个人用户或企事业单位。

（2）公有云的特点

第一，数据安全。云计算的发展为用户提供了最可靠、最安全的数据存储中心，因此将不必为了数据丢失以及病毒入侵等问题而困扰。之前有很多用户会觉得只有将数据保存在自己看得见、摸得着的计算机中才是最安全的，但是个人计算机很有可能会因为硬件损坏和病毒攻击，以及自己无意的操作而丢失数据。但如今我们可以将数据保存在"云端"的网络服务上,从而不必担心数据丢失或者被损坏。因为在"云端",有全世界最专业的团队来帮助我们管理信息,有全世界最先进的数据中心来帮助我们保存数据。与此同时,严格的权限管理策略可以帮助用户放心地与指定的人共享数据,在不用有任何花费的情况下就可以得到最好、最安全的服务。

第二,便捷性。云计算对用户端设备的要求是最低的,使用上也是最便捷的,不必为其而升级自己的计算机硬件,甚至在移动设备上也同样可以实现在"云端"的上传与下载工作。在云计算的网络应用模式中,数据只有一份,保存在"云端"之后,所有电子设备只需要连接互联网,就可以同时访问和使用同一份数据。当然,这种操作需要在严格的安全管理机制下进行,只有对数据拥有访问权限的人,才可以使用或与他人分享这份数据。云计算给人们带来了更好的选择,只要有一台可以上网的设备,有一个喜欢的浏览器,在浏览器中键入 URL,即可尽情享受云计算带来的无限乐趣。

第三,无限可能。云计算的发展为人们在互联网的使用中提供了无限多的可能,也为存储以及管理数据提供了无限多的空间,同时也为人们完成各类应用提供了无限强大的计算能力。

2. 私有云

(1)美国国家标准与技术研究院对私有云的定义

一种专门供企业内部使用的、由企业或第三方管理的、位于企业网络内或企业网络外的云基础设施。私有云同时也被称为内部云,通常归企业自身所有。私有云既可以使通用云计算中的资源高效利用,又能使企业拥有对资源的控制和管理权。

(2)私有云的特点

第一,数据安全。虽然每个公有云的提供商都对外宣称,其服务在各方面都是非常安全的,特别是对数据的管理。但是对企业而言,特别是大型企业而言,和业务有关的数据是他们的生命线,不能受到任何形式的威胁,所以短期而言,大型企业是不会将其关键业务的应用放到公有云上运行的。而私有云在这方面非常有优势,因为它一般都构筑在防火墙后面。

第二,更高的服务质量。因为私有云一般在防火墙之后,而不是在某一个遥远的数据中心,所以当公司员工访问那些基于私有云的应用时,它的服务质量会非常稳定,不会受到网络稳定与否的影响。

第三,充分利用现有硬件资源和软件资源。私有云的一个主要特性是加入云时能保留公司自身的设备,因为将数据交付给第三方运营商意味着放弃对这些数据的控制权。虽然现在公共云服务中数据被窃取或服务不可用的现象已几乎绝迹，但在自己的设备上处理数据与其他人为自己处理这些数据的情况是不同的。私有云可以很好地适应本公司特有的数据要求，利用企业现有的硬件和软件资源来构建云，这样也将极大降低企业的开销。

第四，不影响现有IT管理的流程。对大型企业来说，企业管理的核心是流程，没有完善的流程，企业就像一盘散沙。不仅与业务有关的流程繁多，而且IT部门的流程也不少。私有云一般设置在防火墙内，所以对IT部门的流程冲击不大。

3. 混合云

（1）美国国家标准与技术研究院对混合云的定义

混合云既保持了各组成云自身的特点，又通过专门技术或标准将它们融为一体，使得数据服务和应用服务更加贴近用户的需求。

（2）混合云的特点

第一，在安全性方面，私有云是超越公有云的，但是在计算资源上，私有云是不能与公有云相比的。在这种矛盾的情况下，混合云的出现完美地解决了这些问题，它既可以利用私有云的安全，将内部重要数据保存在本地数据中心，同时也可以使用公有云的计算资源，更高效快捷地完成工作，与私有云或公有云相比都更加完美。

第二，可扩展。混合云突破了私有云的硬件限制，利用公有云的可扩展性，可以随时获取更高的计算能力。企业通过把非机密功能移动到公有云区域，可以降低对内部私有云的压力和需求。

第三，更节省成本。混合云既可以使用公有云，又可以使用私有云，因此在成本上可以更加节省，企业可以将应用程序和数据放在最适合的平台上，获得最佳的利益组合。

（四）我国云计算的发展现状

近几年，国家相关部门实施了"云计算示范工程"，工程共支持项目20余个，通过工程实施，我国云计算服务能力明显提升，云计算将在重点领域得到深化应用，形成产业链较为健全，服务创新、技术创新和管理创新协同推进的云计算发展格局。

在国家政策的扶持和技术发展的支持下，云计算市场规模仍保持着快速发展趋势，市场逐步从互联网向行业市场延伸。

从用户应用来看，市场需求正从最初的搜索服务、地图引擎服务、Web服务逐渐向大数据分析、人工智能、安全监控等服务转变。

二、了解计算机网络

（一）计算机网络的定义

从应用目的的角度来看，计算机网络是通过共享资源等方式连接起来的各自具有独立功能的计算机系统集合。

从物理结构的角度来看，计算机网络是在协议控制下，由一台或多台计算机、若干台终端设备、数据传输设备等组成的系统的集合。

（二）计算机网络的发展阶段

计算机网络的发展可以大致分为以下四个阶段。

1. 诞生阶段

20 世纪 60 年代中期之前，第一代计算机网络是以单个计算机为中心的远程联机系统。其中最为典型的应用是通过一台计算机和全美国范围内 2000 多个终端所组成的飞机订票系统。终端是一台计算机的外部设备，只包括显示器和键盘，并没有 CPU 和内存，如图 1-1 所示。

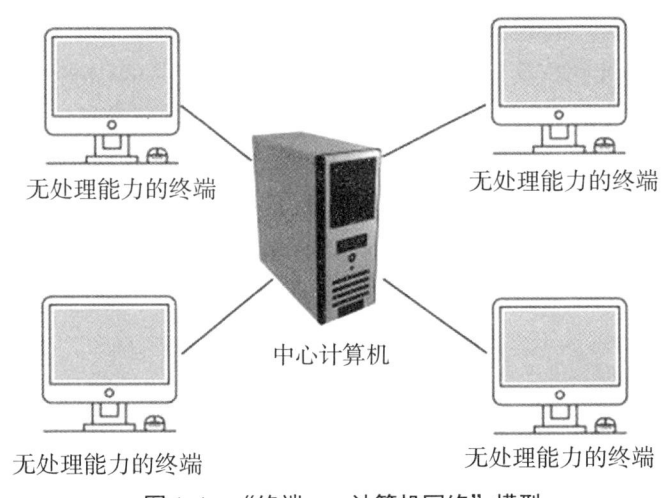

图 1-1 "终端——计算机网络"模型

2. 形成阶段

20 世纪 60 年代中期至 70 年代的第二代计算机网络是以多个主机通过通信线路互相连接起来的系统，如图 1-2 所示。其中最为典型的代表是美国国防部高级研究计划署协助开发的 ARPANET，主机之间并不是直接用线路进行连接的，而是通过接口报文处理机（Interface Message Processor，IMP）转接后互连的。通信任务主要依靠接口报文处理机与它们之间互连的通信线路一起来负责，这也就构成了通信子网。通信子网互联的主机负责运行程序，提供资源共享，组成了资源子网。这个时期，网络的概念为"以能够相互共享资源为目的互连起来的具有独立功能的计算机的集合体"，从而形成了计算机网络的基本概念。

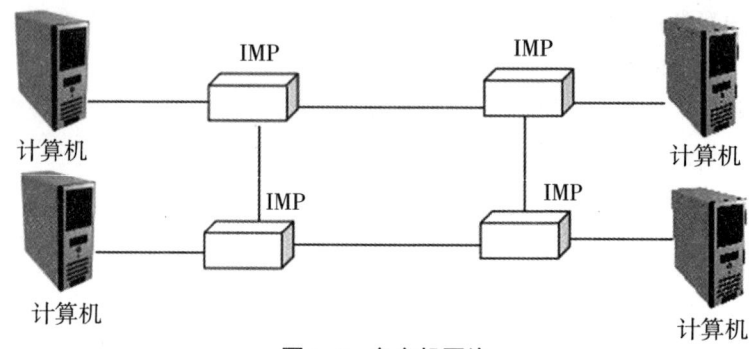

图1-2 多主机网络

3. 互连互通阶段

20世纪70年代末至90年代的第三代计算机网络是具有统一网络体系结构并遵循国际标准开放式和标准化的网络，如图1-3所示。ARPANET兴起后，计算机网络的发展变得迅猛，各大计算机公司也相继推出了自己的网络体系结构以及相关软硬件的产品。但是，由于并没有设置统一的标准，因此，不同厂商的产品之间互连也比较困难。在这种状态下，人们迫切需要一种开放性的标准化网络环境，于是，两种国际通用的最重要的体系结构应运而生，即传输控制协议/国际协议（Transmission Control Protocol/Internet Protocol，TCP/IP）体系结构和国际标准化组织的开放系统互连（Open System Interconnection, OSI）体系结构。

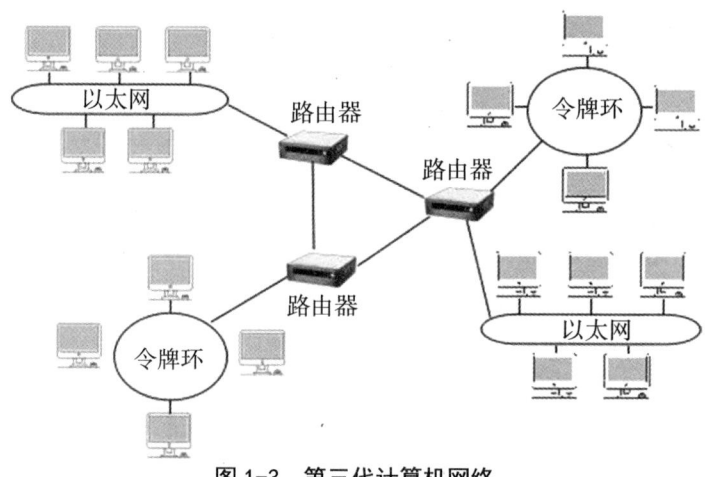

图1-3 第三代计算机网络

4.高速网络技术阶段

20世纪90年代末,第四代计算机网络应运而生,如图1-4所示,这也就是我们当前所使用的计算机网络。由于网络技术的不断发展,逐渐出现了光纤及高速网络、多媒体网络、智能网络。

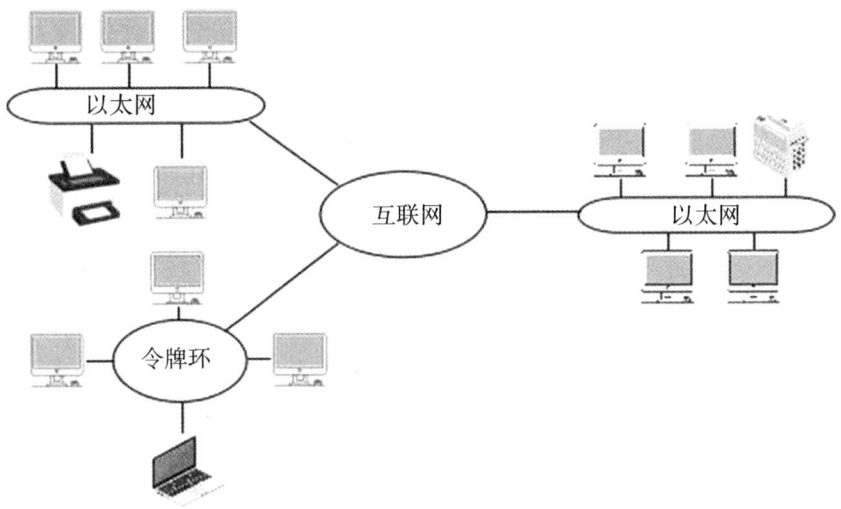

图1-4 第四代计算机网络

(三)计算机网络的分类

计算机网络可按不同的分类标准进行划分。

1.按网络拓扑结构划分

构成网络的拓扑结构有很多种,主要有总线形拓扑、星形拓扑、环形拓扑、树形拓扑和网状形拓扑,现在分别介绍各种拓扑结构的网络。

(1)总线形网络

总线形网络采用单一信道作为传输介质,所有站点通过专门的连接器连到这个公共信道(总线)上,任何一个站点发送的信号都沿着介质传输,并且能够被总线上其他站点接收到,它是一种广播网。局域网技术中的以太网就是总线形网络的一个实例,其结构如图1-5所示。

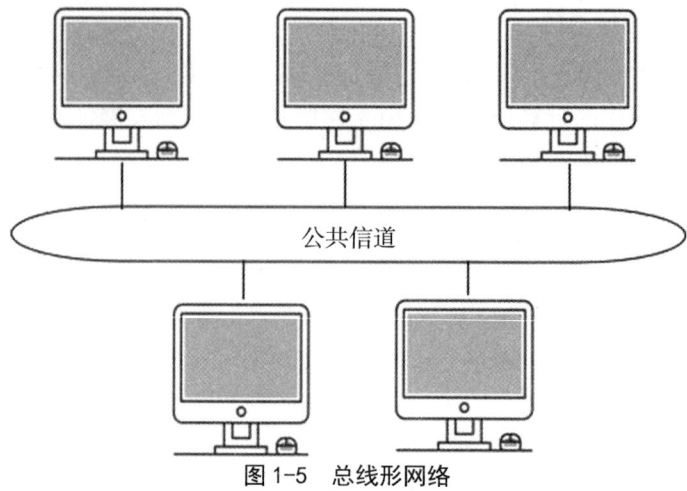

图 1-5　总线形网络

（2）星形网络

星形网络是由中央节点和通过"点-点"链路接到中央节点的各站点组成，站点间的通信必须通过中央节点进行。中央节点采用集中式通信控制策略，因此相当复杂，而其他各站点的通信处理负担都很小，星形网络的结构如图1-6所示。

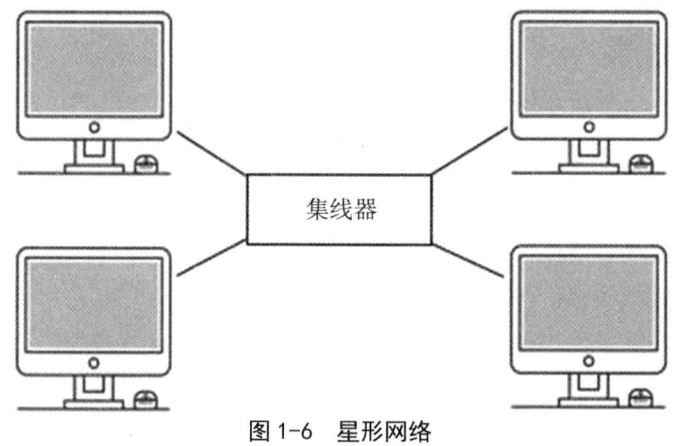

图 1-6　星形网络

（3）环形网络

环形网络是由节点和连接节点的"点-点"链路组成的一个闭合环，每个节点从一条链路上接收数据，然后以同样的速率串行在另一条链路上发送出去。链路大多是单方向的，即数据在环上只沿一个方向传输。局域网技术中的令牌环网是环形网的一个实例，其结构如图1-7所示。

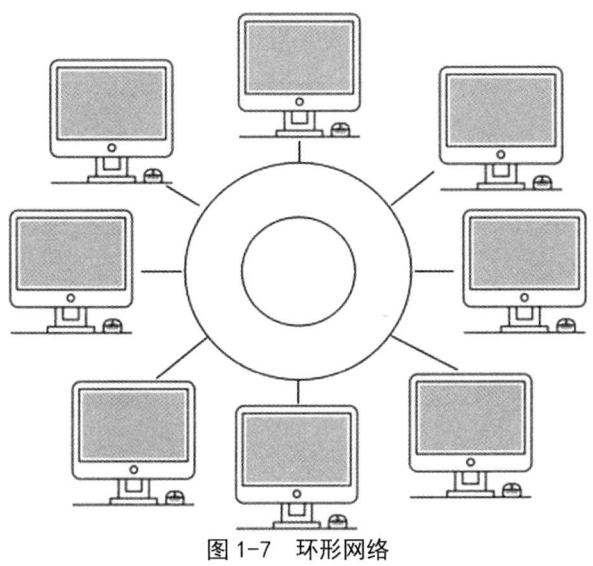

图 1-7 环形网络

（4）树形网络

树形网络是星形网络的一种变体。像星形网络一样，网络节点都连接到控制网络的中央节点上。但并不是所有的设备都直接接入中央节点，绝大多数节点是先连接到次级中央节点上再连接到中央节点上，其结构如图 1-8 所示。

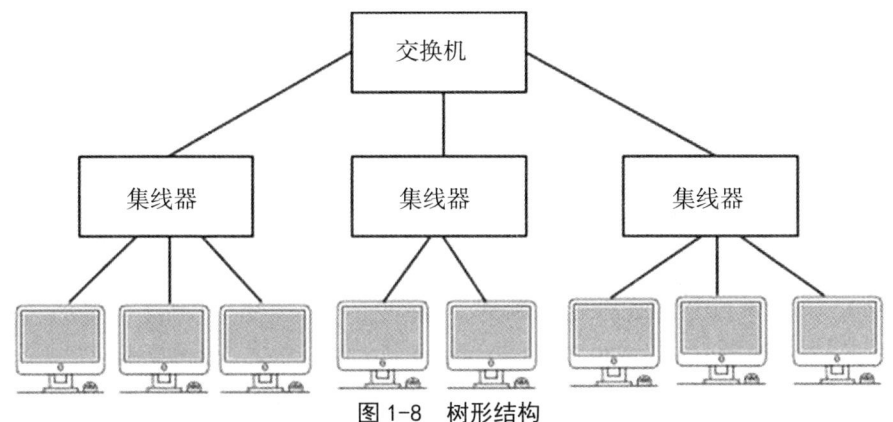

图 1-8 树形结构

（5）网状形网络

网状形网络的每一个节点都与其他节点有一条专业线路相连。网状形拓扑广泛用于广域网中。由于网状形网络结构很复杂，在此只给出如图 1-9 所示的抽象结构图。

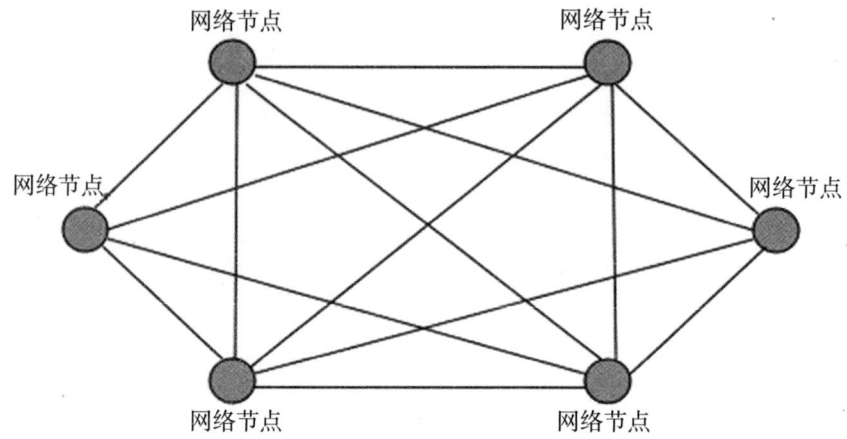

图1-9 网状形网络

2. 按网络的覆盖范围划分

（1）广域网

广域网指的是实现计算机远距离连接的计算机网络，可以把众多的城域网、局域网连接起来，也可以把全球的城域网、局域网连接起来。广域网涉及的范围较大，一般从几百千米到几万千米，用于通信的传输装置和介质一般由电信部门提供，能实现大范围内的资源共享。

（2）城域网

城域网有时又称为城市网、区域网、都市网。城域网介于局域网和广域网之间，覆盖范围通常为一个城市或地区，距离从几十千米到上百千米。城域网中可包含若干个彼此互连的局域网，可以采用不同的系统硬件、软件和通信传输介质来构成，从而使不同类型的局域网能有效地共享信息资源。城域网通常采用光纤或微波作为网络的主干通道。

（3）局域网

局域网也称局部网，它是将有限的地理区域内的各种通信设备互连在一起的通信网络。局域网具有很高的传输速率，覆盖范围一般不超过几十千米，通常将一座大楼或一个校园内分散的计算机连接起来构成局域网。

（4）接入网

接入网又称为本地接入网或居民接入网。它是近年来由于用户对高速上网需求的增加而出现的一种网络技术。接入网是局域网（或校园网）和城域网之间的桥接区，提供多种高速接入技术，使用户接入互联网的瓶颈得到某种程度的解决。

3. 按数据传输方式分类

根据数据传输方式的不同，计算机网络又可以分为广播网络（Broadcasting Network）和点对点网络（Point to Point Network）两大类。

（1）广播网络

广播网络中的计算机或设备使用一个共享的通信介质进行数据传播，网络中的所有节点都能收到任何节点发出的数据信息。广播网络中的传输方式目前有以下三种。

①单播（Unicast）。发送的信息中包含明确的目的地址，所有节点都检查该地址。如果与自己的地址相同，则处理该信息；如果不同，则忽略。

②组播（Multicast）。将信息传输给网络中的部分节点。

③广播（Broadcast）。在发送的信息中使用一个指定的代码标识目的地址，将信息发送给所有的目标节点。当使用这个指定代码传输信息时，所有节点都接收并处理该信息。

（2）点对点网络

点对点网络中的计算机或设备以点对点的方式进行数据传输，两个节点间可能有多条单独的链路，这种传播方式常被应用于广域网中。

以太网和令牌环网属于广播网络，而 ATM 和帧中继网属于点对点网络。

4. 按通信传输介质划分

按通信传输介质的不同，计算机网络可分为有线网络和无线网络。所谓有线网络是指采用有形的传输介质，如双绞线、同轴电缆、光纤等组建的网络，而使用微波、红外线等无线传输介质作为通信线路的网络就属于无线网络。

5. 按使用网络的对象分类

按使用网络的对象的不同，计算机网络可分为专用网和公用网。专用网一般由某个单位或部门组建，使用权限属于单位或部门内部所有，不允许外单位或部门使用，如银行系统的网络。而公用网由电信部门组建，网络内的传输和交换设备可提供给任何部门与单位使用。

第二节　网络协议与网络体系结构

一、网络协议

在网络中包含多种计算机系统，其软硬件各不相同，要实现计算机网络资源共享以及信息交换，必须建立统一的规范，否则信息会变得不可理解，甚至使计算机之间根本不能互连。

（一）网络协议的由来

实体是指各种应用程序、文件传送软件、数据库管理系统及电子邮件系统等，包括计算机、终端和各种设备等。一般来说，实体是指能发送和接收信息的任何个体，而系统是物理上明显的物体，包括一个或多个实体。两个实体要实现通信，必须具有相同的语言，交流什么、怎样交流及何时交流等，必须遵守有关实体间某些相互都能接受的规则，这些规则的集合称为协议。因此，为进行网络中的数据交换而建立的规则、标准或约定即称为网络协议。

（二）网络协议的要素

为了进行通信，实体之间一定要达成一个协议（控制数据通信的一组规则），此网络协议定义了通信内容是什么，通信如何进行，以及何时进行。网络协议的要素为以下三点。

①语法。语法指数据的结构或格式、数据表示的顺序，包括数据与控制信息的结构或格式。

②语义。语义指比特流每一部分的含义，其中包括用于协调同步和差错处理的控制信息。

③时序。时序包括两方面的特征，即数据何时发送以及以多快的速率发送。它包括速度匹配和事件实现顺序的详细说明等。

二、网络体系结构

（一）网络体系结构定义及层次模型

1. 网络体系结构的定义

计算机网络的层次及各层协议的集合即为网络体系结构。具体来说，网络体系结构是关于计算机网络应设置哪几层，每个层次应提供哪些功能的精确定义。至于这些功能应如何实现，则不属于网络体系结构部分。换言之，网络体系结构只是从层次结构及功能上来描述计算机网络的结构，并不涉及每一层硬件和软件的组成，更不涉及这些硬件和软件本身的实现问题。由此可见，网络体系结构是抽象的、存在于书面上的对精确定义的描述，而对于为完成规定功能所用硬件和软件的具体实现问题，不属于网络体系结构的范畴。可见，对于同样的网络体系结构，可采用不同的方法设计出完全不同的硬件和软件，来为相应层次提供完全相同的功能和接口。

网络体系的分层结构降低了系统设计和实现的难度，把计算机网络要实现的功能进行结构化和模块化的设计，将整体功能分为几个相对独立的子功能层次，各个子功能层次间进行有机的连接，下层为其上一层提供必要的功能服务。

2. 网络层次结构模型的原则

各个子功能层次之间相互独立，各层实现技术的改变不影响其他层，易于实现和维护，有利于促进标准化，为计算机网络协议的设计和实现提供了极大便利。计算机网络的分层模型在实施网络分层时要依据下述原则。

①根据功能进行抽象分层，每个层次所要实现的功能或服务均有明确的规定。

②每层功能的选择应有利于标准化。

③不同的系统分成相同的层次，对等层次具有相同功能。

④高层使用下层提供的服务时，下层服务的实现是不可见的。

⑤层的数目要适当，层次太少功能不明确，层次太多体系结构过于庞大。

3. 分层模型的术语

图 1-10 给出了计算机网络分层模型的示意图，该模型将计算机网络中的每台机器抽象为若干层（Layer），每层实现一种相对独立的功能。

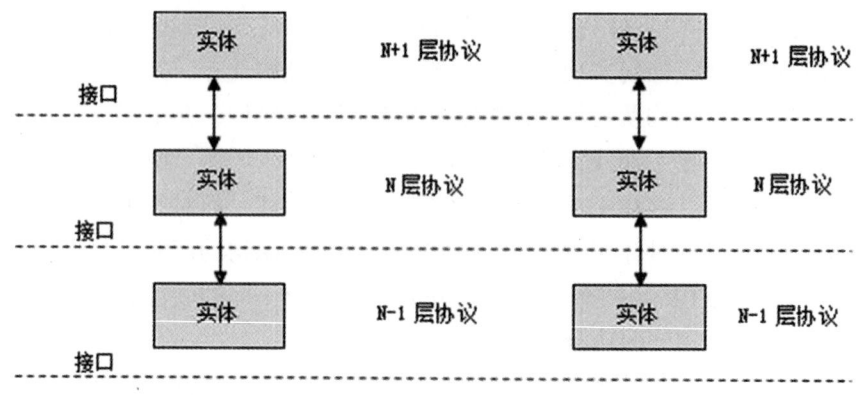

图 1-10 网络分层模型示意图

分层模型涉及下面一些重要的术语。

（1）实体与对等实体

每一层中，用于实现该层功能的活动元素被称为实体，包括该层上实际存在的所有硬件与软件，如终端、电子邮件系统、应用程序、进程等。不同机器上位于同一层次、完成相同功能的实体被称为对等（Peer to Peer）实体。

（2）协议

为了使两个对等实体之间能够有效地通信，对等实体需要就交换什么信息、如何交换信息等问题制定相应的规则或进行某种约定。这种对等实体之间交换数据或通信时所必须遵守的规则或标准的集合称为协议。

（3）服务与接口

在网络分层结构模型中，每一层为相邻的上一层所提供的功能称为服务。N 层使用 N-1 层所提供的服务，向 N+1 层提供功能更强大的服务。N 层使用 N-1 层所提供的服务时并不需要知道 N-1 层所提供的服务是如何实现的，而只需知道 N-1 层可以为自己提供什么样的服务，以及通过什么形式提供。N 层向 N+1 层提供的服务通过 N 层和 N+1 层之间的接口来实现。接口定义下一层向其相邻的上一层提供的服务及原语操作，并使下一层服务的实现细节对上一层是透明的。

（4）服务类型

在计算机网络协议的层次结构中，层与层之间具有服务与被服务的单向依赖关系，下层向上层提供服务，而上层调用下层的服务。因此可称任意相邻两层的下层为服务提供者，上层为服务调用者。下层为上层提供的服务可分为两类：面向连接服务（Connection Oriented Service）和无连接服务（Connectionless Service）。

第一章 绪 论

①面向连接服务：面向连接服务以电话系统为模式。例如，若要和某个人通话，则应先拿起电话，拨号码，通话，然后挂断。同样在使用面向连接服务时，用户首先要建立连接，使用连接，然后释放连接。连接本质上像个管道：发送者在管道的一端放入物体，接收者在另一端按同样的次序取出物体。其特点是收发的数据不仅顺序一致，而且内容相同。

②无连接服务：无连接服务以邮政系统为模式。每个报文（信件）带有完整的目的地址，并且每一个报文都独立于其他报文，由系统选定的路线传递。在正常情况下，当两个报文发往同一目的地时，先发的先到。但是，也有可能先发的报文在途中延误了，后发的报文反而先收到，而这种情况在面向连接服务中是绝对不可能发生的。

一般用可靠性指标来衡量不同服务类型的质量和特性。在计算机网络中，可靠性一般通过确认重传机制来实现。多数面向连接服务都支持确认重传机制，因此多数面向连接服务是可靠的。但由于确认重传将导致额外开销和延迟，有些对可靠性要求不高的面向连接服务系统不支持确认重传机制，即提供不可靠面向连接服务。

多数无连接服务不支持确认重传机制，因此多数无连接服务可靠性不高。但也有些特殊的无连接传输服务支持确认以提高可靠性。如电子邮件系统中的挂号信，网络数据库系统中的请求－应答服务（Request- Reply Service），其中应答报文既包含应答信息，也是对请求报文的确认。无连接服务常被称为数据报服务，有时数据报服务仅指不可靠的无连接服务，尽管并不严格，但经常被采用，需注意区别。

（5）服务原语

服务原语可划分为四类，分别是请求（Request）、指示（Indication）、响应（Response）、确认（Confirm）。由不同层发出的每条原语各自完成明确的功能，如表1-1所示。

表1-1 服务原语

原语	功能（含义）
请求	服务调用者请求服务提供者提供某种服务
指示	服务提供者告知服务调用者事件发生
响应	服务调用者通知服务提供者响应某事件
确认	服务提供者告知服务调用者关于它请求的答复

现在考虑一个连接是如何被建立和释放的，以说明原语的用法。某实体发出连接请求（Connect Request）以后，一个分组就被发送出去。接收方就收到

一个连接指示（Connect Indication），被告之某处的一个实体希望和它建立连接。收到连接指示的实体就使用连接响应（Connect Response）原语表示它是否愿意建立连接。但无论是哪一种情况，请求建立连接的一方都可以通过接收连接确认（Connect Confirm）原语获知接收方的态度。

与体系结构密切相关的一个非常重要的问题是关于网络体系结构的标准化。世界上一些主要的标准化组织在这方面做了卓有成效的工作，研究和制定了一系列有关数据通信和计算机网络的国际标准。国际标准化组织（ISO）的 OSI 参考模型、国际电信联盟（ITU）的 X 系列和 V 系列建议书、美国电气和电子工程师协会（IEEE）的 IEEE 802 局域网协议标准以及美国电子工业协会（EIA）的 RS 系列标准等都是著名的网络互联模型或国际标准。这些标准的制定为计算机通信和网络技术的应用与发展起到积极的推动作用。

（二）OSI 参考模型

数据在网络层被转换为数据分组，然后通过路径选择、流量、差错、顺序、进/出路由等控制，从物理连接的一端传送到另一端，并负责点到点之间通信联系的建立、维护和结束。网络层通过执行路由算法，为分组通过通信子网选择最适当的路径，还要执行拥塞控制与网络互联等功能，其是 OSI 参考模型中最复杂的一层。

在 OSI 参考模型中，系统 A 的用户向系统 B 的用户传送数据时，首先系统 A 的用户把需要传输的信息告诉系统 A 的应用层，并发布命令，其次由应用层加上应用层的控制头信息传到表示层，表示层再加上表示层的控制头信息送往会话层，会话层再加上会话层的控制头信息传送到传输层。以此类推，数据报文到达数据链路层，数据链路层加上控制头信息和尾信息，形成数据帧，最后送往物理层，物理层不考虑信息的实际含义，以比特流（0，1 代码）传送到物理信道（传输介质），到达系统 B 的物理层，系统 B 将物理层所接收的比特流数据送往数据链路层，以此向上层传送，直到传送到应用层，告诉系统 B 的用户，这样看起来好像是对方应用层直接发送来的信息，但实际上相应层之间的通信是虚通信。

（三）TCP/IP 参考模型

OSI 参考模型试图达到一种理想境界，即全世界的计算机网络都遵循统一的标准，使得所有的计算机都能方便地互连和交换数据，然而由于 OSI 标准制定周期过长、实现过于复杂及 OSI 的层次划分不太合理等原因，到了 20 世纪 90 年代初期，虽然整套的 OSI 标准都已被制定出来；但当时的互联网已抢先在全世界覆盖了相当大的范围，因此网络体系结构得到广泛应用的并不是国际标准的 OSI，而是应用在互联网上的非国际标准的 TCP/IP 体系结构，因此，TCP/IP 就称为事实上的国际标准。

TCP/IP 源于 ARPANET，现在已成为互联网的通信协议。TCP/IP 成功地解决了不同网络之间难以互联的问题，实现了异构网的互联。我们提到的 TCP/IP 并不一定是指 TCP 和 IP 这两个具体的协议，而是表示互联网所使用的体系结构或是指整个 TCP/IP 协议族。

TCP/IP 参考模型也分为不同的层次开发，每一层负责不同的通信功能。但 TCP/IP 协议简化了层次设备（只有 4 层），由下而上分别为网络接口层、网络层、传输层、应用层，如图 1-11 所示。应该指出 TCP/IP 是 OSI 参考模型之前的产物，所以两者间不存在严格的层对应关系，即在 TCP/IP 参考模型中并不存在与 OSI 参考模型中的物理层与数据链路层相对应的部分。

图 1-11　TCP/IP 参考模型

1. 网络接口层协议

TCP/IP 的网络接口层中包括各种物理网协议，如以太网、令牌环、帧中继、综合业务数字网（ISDN）和分组交换网 X.25 等。当各种物理网被用作传输 IP 数据报的通道时，就可以认为是属于这一层的内容。

2. 网络层协议

它是整个体系结构的关键部分，其功能是使主机可以将分组发往任何网络并使分组独立地传向目的主机（可能经由不同的网络）。这些分组到达的顺序和发送的顺序可能不同，因此如果要求按顺序发送和接收，高层必须对分组排序。

网络层包括多个重要协议，主要协议有四个，即网际协议（Internet

Protocol，IP）、互联网控制报文协议（Internet Control Message Protocol，ICMP）、地址解析协议（Address Resolution Protocol，ARP）、反向地址解析协议（Reverse Address Resolution Protocol，RARP）。

IP 是其中的核心协议，功能就是把 IP 分组发送到应该去的地方。分组路由和避免拥塞是网络层主要解决的问题。

IP 是一个无连接协议，这就意味着在通信的终点之间没有连续的线路连接。每个数据包作为一个处理过的独立的单元在网络上传输，这些单元之间没有相互的联系。

ICMP 是 TCP/IP 协议族的一个子协议，属于网络层协议，主要用于在主机与路由器之间传递控制信息。控制消息是指网络通不通、主机是否可达、路由是否可用等网络本身的消息。当遇到 IP 数据无法访问目标、IP 路由器无法按当前的传输速率转发数据包等情况时，会自动发送 ICMP 消息。我们可以通过 Ping 命令发送 ICMP 回应请求消息并记录收到 ICMP 的回应回复消息。通过这些消息来对网络或主机的故障提供参考依据。这些控制消息虽然并不传输用户数据，但是对于用户数据的传递起着重要的作用。

RARP 允许局域网的主机通过 RARP 广播，从网关服务器的 ARP 表或者缓存上请求其 IP 地址，将物理地址解析成逻辑地址。

网络管理员在局域网网关服务器里创建一个表以映射物理地址和与其对应的 IP 地址。当设置一台新的机器时，其 RARP 客户机程序需要向路由器上的 RARP 服务器请求相应的 IP 地址。假设在路由表中已经设置了一个记录，RARP 服务器将会返回 IP 地址给机器，此机器就会存储起来以便日后使用。

3. 传输层协议

传输层的主要协议有传输控制协议（Transport Control Protocol，TCP）和用户数据报协议（User Datagram Protocol，UDP）。

TCP 是位于 IP 层之上应用层之下的中间层，它是面向连接的协议，用三次握手与滑动口机制来保证传输的可靠性和进行流量控制。

UDP 也是位于 IP 层之上应用层之下的中间层，它是面向无连接的不可靠传输层协议，提供面向事务的简单不可靠信息传送服务。

4. 应用层协议

应用层包括众多的应用与应用支撑协议。常见的应用协议包括超文本传输协议（HTTP）、简单邮件传输协议（SMTP）、远程登录（Telnet），而常见的应用支撑协议包括域名服务（DNS）和简单网络管理协议（SNMP）等。

（四）OSI 参考模型和 TCP/IP 参考模型的异同点

1. 相似点

OSI 参考模型和 TCP/IP 参考模型有许多相似之处，具体表现在：两者均采用了层次结构并存在可比的传输层和网络层；两者都有应用层，虽然所提供的服务有所不同；均是一种基于协议数据单元的包交换网络，而且分别作为概念上的模型和事实上的标准，具有同等的重要性。

2. 不同点

OSI 参考模型和 TCP/IP 参考模型还有许多不同之处。

① OSI 参考模型包括 7 层，而 TCP/IP 参考模型只有 4 层。虽然它们具有功能相当的网络层、传输层和应用层，但其他层并不相同。TCP/IP 参考模型中没有专门的表示层和会话层，它将与这两层相关的表达、编码和会话控制等功能包含到了应用层中去完成。另外，TCP/IP 参考模型还将 OSI 参考模型的数据链路层和物理层包括到了一个网络接口层中。

② OSI 参考模型在网络层支持无连接和面向连接两种服务，而在传输层仅支持面向连接服务。TCP/IP 参考模型在网络层则只支持无连接一种服务，但在传输层支持面向连接和无连接两种服务。

③ TCP/IP 由于有较少的层次，因而显得更简单，TCP/IP 一开始就考虑到多种异构网的互联问题，并将 IP 作为 TCP/IP 的重要组成部分，而且作为从互联网上发展起来的协议，已经成了网络互联的事实标准。但是，目前还没有实际网络是建立在 OSI 参考模型基础上的，OSI 仅仅作为理论的参考模型被广泛使用。

第三节 网络安全的评价标准

一、国际标准

安全评价标准及技术作为各种计算机系统安全防护体系的基础，已被许多企业和咨询公司用于指导 IT 产品的安全设计，并被作为衡量一个 IT 产品和评测系统安全性的依据。

（一）TCSEC

TCSEC 又称桔黄皮书，1985 年成为美国国防部的标准，该标准规定了满足特定安全等级所需的安全功能及其保证的程度。TCSEC 将安全等级从低到高共分为 D、C、B、A 几个等级，每个等级内还进行了细分，这些等级描述了不同类型的物理安全、用户身份验证、操作系统软件的可信任性和用户应用程序，如表 1-2 所示。

表 1-2　安全级别

类别	级别	名称	主要特征
D	D	低级保护	没有安全保护
C	C1	自主安全保护	自主存储控制
	C2	受控存储控制	单独的可查性，安全标识
B	B1	标识的安全保护	强制存取控制，安全标识
	B2	结构化保护	面向安全的体系结构，较好的抗渗透能力
	B3	安全区域	存取监控、高抗渗透能力
A	A	验证设计	形式化的最高级描述和验证

1. D 级

最低保护（Minimal Protection）指未加任何实际的安全措施，D 的安全等级最低。D 系统只为文件和用户提供安全保护。D 系统最普遍的形式是本地操作系统，或一个完全没有保护的网络，如 DOS 系统被定为 D 级。

2. C 级

C 级表示被动的自主访问策略（Discretionary Access Policy Enforced），提供审慎的保护，并为用户的行动和责任提供审计能力，其由两个级别组成：C1 和 C2。

（1）C1 级

具有一定的自主型存取控制（DAC）机制，通过将用户和数据分开达到安全的目的。用户认为 C1 系统中所有文档均具有相同的机密性，如 UNIX 的 owner/group/other 存取控制。

（2）C2 级

C2 级具有更细分（每一个单独用户）的自主型存取控制机制，且引入了审计机制。在连接到网络上时，C2 系统的用户分别对各自的行为负责。C2 系统通过登录过程或安全事件和资源隔离来增强这种控制。C2 系统具有 C1 系统中所有的安全性特征。

3. B 级

B 级是指被动的强制访问策略（Mandatory Access Policy Enforced）。由 3 个级别组成：B1 级、B2 级和 B3 级。B 系统具有强制性保护功能，目前较少有操作系统能够符合 B 级标准。

（1）B1 级

B1 级满足 C2 级所有的要求，且需具有所用安全策略模型的非形式化描述，实施了强制型存取控制（MAC）。

（2）B2 级

系统的 TCB 是基于明确定义的形式化模型，并对系统中所有的主体和客体实施了自主型存取控制和强制型存取控制。另外，具有可信通路机制、系统结构化设计、最小特权管理以及对隐蔽通道的分析和处理等功能。

（3）B3 级

系统的 TCB 设计要满足系统中所有的主体对客体的访问的控制，TCB 不会被非法篡改，且 TCB 设计要小巧且结构化，以便于分析和测试其正确性。支持安全管理者（Security Administrator）的实现，审计机制能实时报告系统的安全性事件，支持系统恢复。

4. A 级

A 级表示形式化证明的安全。A 安全级别最高，只包含 1 个级别 A1。

A1 级类同于 B3 级，它的特色在于形式化的顶层设计规格（Formal Top Level Design Specification）、形式化验证顶层设计规格与形式化模型的一致性和由此带来的更高的可信度。

（二）ITSEC

ITSEC 是由英国、德国和法国共同组成的欧洲委员会综合了各自安全评价方法的产物，主要应用于军队、政府和商业方面。该标准将安全概念分为功能与评估两部分。功能准则从 F1～F10 共分 10 级。F1～F5 级对应于 TCSEC 的 D~A 级。F6～F10 级分别对应数据和程序的完整性、系统的可用性、数据通信的完整性、数据通信的保密性、数据通信的机密性和数据通信的完整性。

该标准只是叙述技术安全的要求，把保密作为安全增强功能，不把保密措施直接与计算机功能相联系，这一点与 TCSEC 有很大的不同。ITSEC 把完整性、可用性与保密性作为同等重要的因素，定义了从 E0 级（不满足品质）到 E6 级（形式化验证）的 7 个安全等级，对于每个系统，安全功能可分别定义。

二、国内标准

由于信息安全直接涉及国家政治、军事、经济和意识形态等许多重要领域，各国政府对信息系统或技术产品安全性的测评认证要比其他产品更为重视。尽管许多国家签署了《信息技术安全评价公共标准》（*Common Criteria for Information Technology Security Evaluation*），但很难想象一个国家会绝对信任其他国家对涉及国家安全和经济的产品的测评认证。事实上，各国政府都通过颁布相关法律、法规和技术评价标准对信息安全产品的研制、生产、销售、使用和进出口进行了强制管理。

1999年，国家质量技术监督局（现已根据不同职责组建为不同部门）颁布的《计算机信息系统安全保护等级划分准则》（GB 17859—1999），在参考TCSEC、ITSEC和CTCPEC（加拿大的评价标准）等标准的基础上，将计算机信息系统安全保护能力划分为用户自主保护、系统审计保护、安全标记保护、结构化保护、访问验证保护5个安全等级。

（一）用户自主保护级

本级别相当于TCSEC的C1级，使用户具备自主安全保护的能力。其具有多种形式的控制能力，对用户实施访问控制，即为用户提供可行的手段，保护用户和用户组信息，避免其他用户对数据的非法读写与破坏。

（二）系统审计保护级

本级别相当于TCSEC的C2级，具备用户自主保护级所有的安全保护功能，更细粒度的自主访问控制，还要求创建和维护访问的审计跟踪记录，使所有用户对自己的行为的合法性负责。

（三）安全标记保护级

本级别相当于TCSEC的B1级，属于强制保护。除具有系统审计保护级的所有功能外，还提供有关安全策略模型；要求以访问对象标记的安全级别限制访问者的访问权限，实现对访问对象的强制保护；具有准确地标记输出信息的能力；消除通过测试发现的任何错误。

（四）结构化保护级

本级别相当于TCSEC的B2级，具有前面所有安全级别的安全功能，将安全保护机制划分为关键部分和非关键部分，其中关键部分直接控制访问者对访问对象的存取，从而加强系统的抗渗透能力。

（五）访问验证保护级

本级别相当于TCSEC的B3～A1级，具备上述所有安全级别的安全功能，特别增设了访问验证功能,负责仲裁访问者对访问对象的所有访问活动。

为了与国际通用安全评价标准接轨,国家质量技术监督局于2001年3月又正式颁布了国家推荐标准《信息技术 安全技术 信息技术安全性评估准则 第1部分:简介和一般模型》(GB/T 18336.1—2001),并于2008年、2015年相继颁布了《信息技术 安全技术 信息技术安全性评估准则 第1部分:简介和一般模型》(GB/T 18336.1—2008)、《信息技术 安全技术 信息技术安全评估准则 第1部分:简介和一般模型》(GB/T 18336.1—2015)。

推荐标准GB/T 18336.1—2015由三部分组成:第一部分是简介和一般模型,第二部分是安全功能组件,第三部分是安全保障组件,分别对应国际标准化组织和国际电工委员会国际标准 ISO/IEC 15408-1、ISO/IEC 15408-2 和 ISO/IEC 15408-3。

第二章　计算机网络安全概述

计算机在家庭和企事业单位中得到了大规模的应用，人们越来越依赖计算机帮助他们处理各种繁杂的数据。在实现资源共享、提升效率的同时，也发生了大量的重要数据丢失、密码泄露等黑客攻击事件，给个人和企业造成了严重的损失。现在，黑客的攻击手段层出不穷，根据攻击对象、安全弱点的不同，攻击者所采用的方法也千变万化。了解常见的一些攻击方法，将有助于用户及时采取有效的防护措施，制定更有针对性的安全策略。

第一节　计算机面临的主要威胁

一、漏洞利用

漏洞利用即通过特定的操作或使用专门的漏洞攻击程序，利用操作系统、应用软件中的漏洞，入侵系统或获取特殊权限。

溢出攻击是漏洞利用的一种攻击方法，它通过向程序提交超长的数据，结合特定的攻击编码，可以导致系统崩溃，或者执行非授权的指令，获取系统特权等，从而产生更大的危害。

SQL 注入是一种典型的网页代码漏洞利用。大量的动态网站页面中的信息，都需要与数据库进行交互，若缺少有效的合法性验证，则攻击者可以通过网页表单提交特定的 SQL 语句，从而查看未授权的信息，获取数据操作权限等。

二、暴力破解

暴力破解多用于密码攻击领域，即使用各种不同的密码组合反复进行验证，直到找出正确的密码。这种方式也称为"密码穷举"，用来尝试的所有密码集合称为"密码字典"。从理论上来说，任何密码都可以使用这种方法来破解，只不过越复杂的密码需要的破解时间越长。例如，破解 Wi-Fi 密码、压缩文件密码、Office 文件密码等。

三、木马植入

木马植入即通过向受害者系统中植入并启用木马程序，在用户不知情的情况下窃取敏感信息（如 QQ 密码、银行账号）或机密文件，甚至夺取计算机的控制权。当访问一些恶意网页、聊天工具中的不明链接，或者使用一些破解版软件，单击未知类型的电子邮件附件，甚至打开网友发来的所谓的照片、视频等文件时，都有可能被悄悄地植入木马。

木马程序好比潜伏在计算机中的电子间谍，通常伪装成合法的系统文件，具有较强的隐蔽性、欺骗性，基本都具有键盘记录甚至截图功能，收集的信息将会自动发送给攻击者。黑客通过 QQ 黏虫弹出的假冒登录窗口得到用户输入的账号和密码。

四、病毒、恶意程序

与木马程序不同的是，计算机病毒（Virus）、恶意程序的主要目的是破坏（如删除文件、拖慢网速、使主机崩溃、破坏分区等），而不是窃取信息。其中病毒程序具有自我复制和传染能力，可以通过电子邮件、图片和视频、下载的软件、光盘等途径进行传播；而恶意程序一般不具有自我复制、感染能力等病毒特征。

病毒或恶意程序就好比进入计算机中的电子"流氓"，如 CIH、冲击波、红色代码、熊猫烧香、火焰等病毒。其明目张胆的破坏能力极具危害性。

五、拒绝服务

拒绝服务（Denial of Service，DOS）指的是无论是以何种方式，最终导致目标系统崩溃、失去响应，从而无法正常提供服务或资源访问的情况。导致拒绝服务的手段可以有很多种，包括物理破坏、资源抢占等。

拒绝服务攻击中比较常见的是洪水方式，如 SYN Flood、Ping Flood。SYN Flood 攻击利用 TCP 三次握手的原理，发送大量伪造源 IP 地址的 SYN，服务器每收到一个 SYN 就要为这个连接信息分配核心内存并放入半连接队列，然后向源地址返回 SYN+ACK，并等待源端返回 ACK。由于源地址是伪造的，所以源端永远都不会返回 ACK。如果短时间内接收到的 SYN 太多，半连接队列就会溢出，操作系统就会丢弃一些连接信息。这样客户发送的正常的 SYN 请求连接也会被服务器丢弃。Ping Flood 通过向目标发送大量的数据包，导致对方的网络堵塞、带宽耗尽，从而无法提供正常的服务。

威力更大的是 DDoS 攻击，即分布式拒绝服务（Distributed Denial of Service）。这种方式的攻击方不再是一台主机，数量上呈现规模化，可能是被发起者所控制的分布在不同网络、不同位置的成千上万台主机（通常称为"肉鸡"）。DDoS 攻击的发起或防御，都有较大的难度。

六、网络钓鱼

网络钓鱼即通过论坛、QQ、电子邮件、短信、弹出广告等载体发送声称来自某银行、某购物网站或其他知名机构（如网监、公安等）的欺骗信息，引诱受害者访问伪造的网站，以便收集用户名、密码、信用卡资料等敏感信息。

对于缺少安全维护经验的网民来说，很容易陷入网络钓鱼攻击中。从外观上看，攻击者伪造的网站与真正的网站几乎一模一样，网站域名也比较相似。例如，招商银行的真正网址为"Http://www.cmbchina.com"，攻击者可伪造一个外观相仿的"Http://www.cmdchina.com"站点，并向受害者发送譬如"您的网银账号于 × 月 × 日登录失败，为了提高账号安全性，建议登录 http://www.cmdchina.com/ 重置密码……"的电子邮件，从而诱使其访问伪造站点以盗取其网上银行账号和密码等信息。

七、中间人攻击

中间人（Man-In-The-Middle，MITM）攻击是一种古老且至今依然生命旺盛的攻击手段。MITM 攻击就是攻击者先伪装成用户，然后拦截其他计算机的网络通信数据，并进行数据篡改和窃取，而通信双方毫不知情。常用的方法有 ARP 欺骗、DNS 欺骗等。攻击者回复假的媒体存取控制（MAC）地址信息，导致 Host3 无法与 Host1 通信。

如果攻击者针对通信双方都进行 ARP 欺骗，并且从中截获数据，则构成 MITM 攻击。这种方式中受害主机的通信基本不受影响，往往不易察觉，因此造成的危害更大。攻击方 Host2 不断发送错误的媒体存取控制更新信息，使通信双方 Host1、Host3 都认为对方的媒体存取控制地址是 00-0c-29-22-22-22，实际上 Host2 以中间人的身份截获了双方的往来数据。

第二节　计算机网络信息安全体系

一、物理安全

物理安全考虑的对象主要是各种硬件设备、机房环境等物质载体，也可以理解为硬件安全。硬件设施是承载和实现信息系统功能的基础条件，因此物理安全也是最直接、最原始的攻防对象。不难想象，假如连服务器硬件都已经落入攻击者手里，再严密的防火墙策略、再复杂无比的操作密码等实际上也形同虚设。所以应从以下几方面考虑如何实施对硬件设备的保护。

（一）防盗

计算机由于其不小的经济价值成为偷盗者的盗窃目标。偷盗者一般会盗窃计算机的硬盘和主板等部件。计算机失窃造成的损失不只是计算机本身的经济价值，还有其使用价值，因此计算机要做好防盗措施，如设置机房门禁、机柜上锁、制定严格的人员进出管理制度等。

（二）防火

通常情况下，计算机机房的火灾多由于电气、人为或机房外部火灾等原因引起。电气原因主要是机房电气设备和线路由于短路、接触不良、绝缘层受损或静电发生火灾；人为原因主要是技术人员操作不符合规范、违规吸烟等引燃可燃物引起火灾；机房外部火灾原因是计算机机房的外部建筑起火引燃机房。

预防火灾有以下几种方法。

一是在修建机房时认真选址并严格把控工程质量，确保机房的设计和施工符合国家工程建筑消防技术标准。在修建完成后，要经由公安消防机构进行消防验收。

二是建立消防安全责任制，制定消防安全制度及消防安全操作规程；将防火安全制度落实到人，同时根据计算机防火的特点进行消防安全教育；定期进行防火检查，消除火灾隐患。

三是计算机机房严禁烟火，不能使用电炉等取暖设备，不得将计算机机房和生活用房混合使用。

（三）防雷击

雷击对计算机等电子信息设备的破坏力非常强，并能够引燃引爆易燃易爆物品。计算机机房防御雷击的主要措施是根据计算机所属的保护层确定防护要点并安装相应的避雷设备。

（四）防静电

静电一般由物体之间相互摩擦产生。计算机显示器带有很强的静电。在静电产生之后如果不能释放而保存在计算机显示器中会产生电火花，引发火灾，也有可能损坏集成电路。例如，在气候干燥的季节，计算机维修过程中，维修人员使用金属工具与计算机接触过程中，很容易产生静电，从而导致计算机内部元器件损坏。

（五）防电磁泄漏

计算机和其他电子设备一样，工作时要产生电磁辐射。这种电磁辐射可被高灵敏度的接收设备接收并进行分析、还原，造成计算机信息的泄漏。防电磁泄漏的有效措施是屏蔽。

（六）防鼠类

1. 鼠类对网络的危害

鼠类对网络的危害包括：破坏计算机机房内的电缆的绝缘层，使电缆短路引发火灾；破坏双绞线电缆或光纤尾线，造成连接故障；在地下破坏电缆或光缆会使通信中断。

2. 网络设备防鼠的措施

在经济条件允许的情况下，可以在鼠害严重的地区铺设铠装电缆和光缆，或采用凌空架设的方式。

计算机机房内的光缆交接箱使用不饱和聚酯玻璃纤维增强材料，可以避免鼠类破坏光缆交接。

此外，缺少备用电源、制冷设备故障、机箱未封闭、光驱或 USB 接口随意插接，以及地震、洪水灾害等，都会带来不可估量的损失。因此，构建一个安全可靠的机房环境，是每个网络工程师重点要考虑的问题。

二、系统安全

系统安全考虑的对象主要是操作系统，操作系统是计算机中最基本、最重要的软件，包括 Windows/Linux/UNIX 系统，以及路由交换设备的网际操作系统（Internetwork Operating System，IOS）等。操作系统承担着协调 CPU、内存、磁盘存储等硬件资源，为用户提供应用环境和服务的核心任务，因此是信息安全中最核心的攻防对象。

系统安全的风险来自各种软件或所开放服务中的漏洞、弱口令，以及潜伏在各种应用程序、多媒体文件中的病毒等。与物理安全不同的是，系统安全的失陷往往一时难以发现，等到发现密码被盗、商业机密泄露等时，已经出现了重大损失。

在网络环境中，网络系统的安全性要由网络中各个主机系统的安全性来保证，而计算机操作系统的安全性决定了计算机系统的安全性、操作系统的安全性，是网络安全的基础。所以，操作系统安全是计算机安全体系的基础。

三、数据安全

数据安全考虑的对象主要是各种需要保密的文档信息。数据文档包含了直接面向用户的各种敏感信息，如私密照片、产品配方、客户资料等，通常可以独立存在，而不依赖于具体的硬件、系统或网络，因此电子数据的窃取和保护也是安全的重要环节。

公开的共享目录、未加密的电子邮箱文件夹、缺少有效的备份策略、误删除文件，以及明文提交的网页表单、访问授权的失控等，都是可能导致信息泄露的触发点。当然，数据安全的防护等级取决于用户的需求，对于越重要、越敏感的数据资料，越应该采取强力的保护和授权措施。

四、网络安全

网络安全考虑的对象主要是面向网络的访问控制。各种路由交换设备、服务器、工作站等并不是孤立的个体，而是需要通过网络来提供服务的。排除掉物理攻击的情况，实际上 99% 以上的安全风险和攻击都来自网络。面向网络提供服务是实现信息系统功能的最主要的形式，因此如何鉴别合法、不合法的访问变得尤为重要，特别是对于那些用户群体庞大、面向人员复杂的应用系统，如网站、电子邮件、FTP 服务器等，网络安全更是关注的焦点。

第三节　网络安全的攻击类型

一、网络协议攻击

网络协议攻击就是利用网络协议的漏洞进行攻击，如 ARP、DDoS、TCP

半连接、SYN 洪水攻击等，这些协议本身都是正常的，但是用在不正常的地方就成问题了。例如，UDP 洪水攻击是黑客比较常用的一种攻击技术，特点是实施简单、威力大，大多是无视防御的。攻击者对网络资源发送过量数据时就发生洪水攻击，这个网络资源可以是路由器、交换机、主机及应用等。

（一）系统攻击

PsTools 是 Sysintemals Suite 中一款排名靠前的安全管理工具套件，现在已被微软公司收购。目前 PsTools 中含有 12 款小工具，如果将它们灵活地运用，将会在渗透攻击中收到奇效。

① PsExec——远程执行进程。

② PsGetSid——显示计算机或用户的 SID。

③ PsFile——显示远程打开的文件。

④ PsKill——按名称或进程 ID 终止进程。

⑤ PsInfo——列出有关系统的信息。

⑥ PsLoggedOn——查看在本地通过资源共享（包含所有资源）登录的用户。

⑦ PsList——列出有关进程的详细信息。

⑧ PsLoglist——导出事件日志记录。

⑨ PsService——查看和控制服务。

⑩ PsPasswd——更改账户密码。

⑪ PsShutdown——关闭并重新启动（可选）计算机。

⑫ PsSuspend——暂停进程。

PsTools 中最强大最常利用的工具就是 PsExec。该工具的本意是替代 Telnet 这种不安全的管理方式，它最大的特点就是无须安装客户端程序就可以远程操作服务器。简单来说，就是一旦扫描踩点获取到计算机的用户名和密码，就可以利用它远程执行系统命令。其使用的参数含义如下。

-u：远程计算机的用户名。

-P：远程计算机用户对应的密码。

-C<[路径] 文件名 >：复制文件到远程机器并运行（运行结束后文件会自动删除）。

-d：不等待程序执行完就返回信息。

-h：目标操作系统是 Vista 或更高版本。

（二）解决方案

在网络安全防护方面，要根据实际问题制定策略，确定安全对象，建立有效的安全保障体系，在网络中建立起多层保护体系。

首先是建立信息安全意识，在企业中，不仅是网络管理员、企业的管理者，任何一名员工都应该建立起信息安全的意识，只有建立这样的安全意识，网络安全才能够实现。其次是安全防范手段，只有在具备了基本的安全常识之后，才能从企业网络可能遭受入侵的各个层面进行有效的防护，做到层层设防，处处加固。

任何一种攻击的终极目标都是得到计算机操作系统的实际控制权。因此，即使设置防火墙，由于自身的缺陷或漏洞，计算机的操作系统有受到内部控制或外部控制的风险，因此要对其进行加固。

此外，还要对电子邮件服务器、数据库服务器等应用程序服务器进行打补丁等安全加固。

综上所述，网络安全防护将从加固操作系统、安装防病毒软件、部署防火墙和部署入侵检测系统（Intrusion Detection System，IDS）等几个层面进行。

1. 加固操作系统

无论是 Windows 还是 Linux 操作系统，都难免会存在漏洞或缺陷，而这些漏洞或缺陷会被网络上恶意的用户利用，成为其入侵破坏的突破口。所以在这个安全方案中要从内部做起，通过定期给系统打补丁的方式堵上这些漏洞，不给入侵者可乘之机。

操作系统默认的安装通常是不安全的，强化主机的安全也称系统的强化（System Hardening）或加固，给操作系统打补丁是常见的方法。下面是一些加固操作系统时需要考虑的方面。

一是主机应该置于物理上安全的地点，不能被可疑人员触及。例如，主机放在上锁的机房中，使用密码锁锁定机箱，妥善保存主机的键盘、鼠标和显示器，将各种接口封闭。

二是本地管理主机或远程管理主机时要经过安全认证，如使用指纹识别技术或人脸识别技术等。

三是持续修补计算机操作系统漏洞，时刻注意操作系统厂商的安全站点，及时打安全补丁。

四是主机的默认配置是不安全的，而且是黑客们所熟知的，所以需要修改默认的操作系统配置。例如，重命名管理员账号，取消隐藏的共享文件夹等。

五是服务器应该做到专机专用，一台计算机只运行一个服务器，也不能在主机上运行不必要的程序。

2. 安装防病毒软件

病毒攻击网络的途径主要是通过互联网上的文件传输、电子邮件传输等。计算机网络病毒破坏性极强，它不仅攻击程序，有时还破坏硬件，而且能破坏网络，使整个网络无法工作。

网络病毒的繁殖机制或再生机制非常强，一旦公共实用工具或公共实用软件感染病毒则会使病毒在网络上快速传播。病毒在网络传播过程中会进行伪装，使自己不易被察觉，其传播扩散的速度是单台计算机的几倍乃至几十倍。很短时间内，病毒就会充满整个网络。

网络服务器作为计算机网络的中心，是网络的支柱。网络服务器受到攻击后会造成巨大损失，因此要安装网络版的杀毒软件。

安装病毒防火墙之后，要注意定期更新病毒库，以实现及时查杀最新出现的病毒。

3. 部署防火墙

防范网络协议攻击不能只防病毒软件，很多攻击方式不是通过病毒实现的，而是黑客的扫描加渗透，对付这些攻击手段的一种比较有效的方法就是防火墙技术。

防火墙是一道网络安全隔离屏障，能够过滤数据，根据已设定的安全策略是否允许数据通过。此外，防火墙还能够筛选应用层的数据，保证应用服务的正常使用。

因此，在网络拓扑结构中，防火墙应当处在网络的出口处和不同安全等级区域的结合点处。

4. 部署入侵检测系统

在网络边界上部署防火墙不能完全防御网络协议攻击。有一些网络安全威胁防火墙不能有效防范，如能够绕过防火墙的攻击。

那么有好的方法来检测上面所提及的不安全因素吗？入侵检测系统能较好地解决这个问题。

入侵检测系统能够对网络或操作系统上的可疑行为做出反应，及时切断入侵源，并通过各种途径通知网络管理员，尽最大可能保障系统安全，对防火墙的不足之处做出补充。

入侵检测系统在网络安全技术中起到了不可替代的作用，是安全防御体系的一个重要组成部分。

二、应用程序的攻击

（一）Java、JavaApplet 和 JavaScript 的攻击

Java、JavaApplet 和 JavaScript 的大量应用在给用户带来便利的同时，也带来了潜在的危险，具体包括以下几种。

1. 更改系统

Java 能够更改计算机硬盘和文件系统中的数据。Java 预先定义好的类能够更改计算机系统，可能会被 JavaApplet 的设计者滥用，更改系统可能是所有潜在危险中最严重的一种。

有多种操作平台可以运行 Java，恶意的 JavaApplet 只需选择一种操作平台即可发动攻击，并能进行跨平台攻击。

随着计算机技术的发展并大量应用于人们的生活和工作，更改系统型的攻击会造成非常严重的影响。如破坏公司财务记录，使公司财产受到损失，修改医院中病人的医疗记录等。

安全专家表示，当前尚未发现应对这类攻击的解决方案，要谨慎使用 JavaApplet。

2. 拒绝系统服务

这类攻击会使系统资源不能正常使用。攻击的一般做法是使用执行程序吸取超过正常系统所分配的资源，甚至占用全部系统。

防御这种攻击的重要性现在还存在争议。大多数情况下，拒绝系统服务式的攻击与使用者敌对的攻击比较相似。受到这类攻击后使系统恢复正常的方法比较简单，只需要重启系统。但这类攻击会对重要的计算机系统造成严重破坏，后果不堪想象。

拒绝系统服务式的攻击是 Java 常见的安全问题之一，制造这种类型的攻击十分简单，但却不容易防范。

3. 侵犯隐私权

这种攻击是暴露他人计算机主机中的秘密数据。例如，在 Unix 系统中如能访问 /etc/passwd（记录系统中所有使用者的姓名与密码）这个文件，就有可能入侵整个系统。

此外，也可能泄露计算机系统中的敏感性资料信息。如不正当的公司通过商业间谍获得竞争对手的业务规划。

当前很多操作系统的声音功能可能发生窃听。攻击者如果能够控制系统中的麦克风就有可能进行窃听。另外，攻击者访问监视进程表和有关文件也有可能实现窃听。

4. 敌对行为

这种攻击只能给使用者造成困扰。这种攻击虽然危险性较低，但也要引起重视，如使计算机发出声音，或是在显示器上显示不雅画面。程序设计中的错误产生的不良后果也属于此类攻击。

（二）Java 的安全防御机制

为防御以上几种攻击，Java 安全模型提供了字节码验证器（Byte-Code Verifier）、Applet 类装载器（Class Loader）以及安全管理器（Security Manager）。将这三者结合起来使用能够检查文件系统、网络与浏览程序的内部存取。

和传统的安全方法相比，Java 语言的安全模型的不同点非常明显。首先，应用程序能够访问操作系统的大部分系统资源，管理者要通过用户保护系统资源。其次，用户要在应用程序执行前进行安全处理。

这种安全方法的弊端非常明显，即对用户验证和验证软件的可靠性的依赖性非常强，而 Java 采取 Java 沙箱作为安全机制。

尽管 Java 安全模型中沙箱已经提供了较好的安全防范措施，但它并不能够防范一切恶意的攻击，以下是一些安全原则。

①评估可能遇到的风险，了解 Java 的运行环境。

②尽量使用最新版的浏览程序。

③不要随便浏览自己不了解的网络站点。

④留意并及时下载针对 Java 漏洞进行弥补的新产品。

三、黑客的攻击

（一）黑客的攻击手段

黑客是指利用通信软件，通过网络非法进入他人计算机系统，获取或篡改各种数据危害信息安全的入侵者或入侵行为。

黑客一般采取下面的攻击流程：收集信息→远程攻击→远程登录→取得普通用户权限→取得超级用户权限→留下后门→清除日志。

为实施有效的攻击检测和防范措施，就必须全面了解黑客实施网络攻击的过程和手段，做到"知己知彼，百战不殆"，下面将介绍几种黑客常用的攻击手段。

1. 系统入侵法

系统入侵法分为以下两个阶段。

（1）信息收集

信息收集旨在进入攻击目标的数据库。一般情况下，黑客会使用以下工具或公开协议收集信息。

①使用简单网络管理协议（SNMP）查看网络系统路由器的路由表，了解要攻击的主机所在的网络拓扑结构及其内部细节。

②使用路由跟踪（Trace Route）程序得到要攻击的主机所要经过的网络数和路由器数。

③使用域名查询（Whois）协议获得有关的 DNS 域和相关的管理参数。

④使用 DNS 服务器获得系统中可以访问的主机的 IP 地址表和它们所对应的主机。

（2）系统安全弱点的探测

在收集到要攻击的目标的信息后，黑客会对网络上的各个主机进行探测，以发现系统漏洞。自动扫描驻留在网络上的主机的方式有以下几种。

①自编程序。操作系统的厂商会为系统中的漏洞提供补丁进行修补，但用户可能会忽略这些补丁。黑客在发现这些补丁的接口后，会自行编写程序进入要攻击的系统之中。

②利用公开的工具。一些公开的安全扫描程序能够扫描全网或子网，寻找安全漏洞。黑客可以使用这些工具收集攻击目标的信息，以获取攻击目标系统的非法访问权。

2. 破解密码法

这是入侵者使用最早也是最原始的方法，不仅可以获得对主机的操作权，而且可以通过破解密码制造漏洞。

要获取系统密码及确认密码有效，必须取得系统的合法用户名。黑客获得用户名的途径主要有：系统默认存在的用户名，如 root 或 admini 等；通过某些渠道获得系统用户的信息，根据该信息猜测用户名，如从用户公开的电子邮件账号等猜测用户名；对服务器使用 finger 命令来取得用户名；用户自己不小心泄露的用户名。

当攻击者取得了用户名之后，就可以进行密码的猜测和破解并尝试登录。密码的猜测和破解有很多种方法，比较常用的有以下几种。

①通过网络监听非法得到用户密码。

②在获得用户的账号后使用密码破解软件破解用户的密码。攻击者会使用某个程序以相同的用户名不断向服务器发出登录请求,当服务器要求输入密码时,就发出一个按顺序排列的尝试密码。如果失败就再次发出登录请求,输入下一个尝试密码,直到成功登录,目前,这种密码破解程序可以从网上轻易获取。

3. 特洛伊木马入侵法

特洛伊木马(Trojan Horses)这个名词源于古希腊神话。在信息安全中是指一种基于远程控制的黑客工具。

在各种黑客攻击手段中,特洛伊木马入侵给用户带来的危害是最大的。

由于特洛伊木马没有利用系统和软件的任何漏洞,也没有利用任何微软未公开的内部资料,而完全是利用 Windows 系统的基本设计缺陷,甚至连普通的局域网防火墙和代理服务器也难于有效抵挡。

4. 电子邮件入侵

电子邮件(E-mail)入侵是指黑客将病毒或是带有攻击性特征的代码通过电子邮件发送给用户。

电子邮件多使用明文书写,黑客很容易在电子邮件经过路由器时将其截获,这就好比用户把东西交给邮局来邮寄,用户也不知道经过几个邮局中转后,是否有人截取并且复制了它。邮件攻击是目前黑客传播计算机病毒的主要方法。

通常来说,非常重要的文件和信息,一定要经过数字加密认证再发送,这样即使攻击者截获了用户的数据,他们也无法打开,或者打开只能得到一堆乱码。

如果在局域网环境,如在网吧或学校等公用机房,最好通过 www 的方式收发信件,不要采用 Pop3 和 Smpt 收发信,因为在局域网中,数据包的传输是可以被局域网中的其他机器监听的,由于电子邮件均以明码的形式传送,通过 Nettray 等数据包监视软件,可以轻而易举从监视的数据包里得到用户邮箱的密码。

5. QQ 炸弹

QQ 是目前国内最流行的一款网络聊天和通信工具,虽然它是腾讯公司受到了 ICQ 的启发而研制的,但是凭借着强大的功能、精美的界面以及对中文的良好支持已经在诸多国产 ICQ 类软件中牢牢地占据了领先的地位,腾讯发布的相关数据显示,2018 年 QQ 的智能终端月活跃账户数已达 6.998 亿。

QQ 的工作方式是将每一个安装了 QQ 的计算机作为一台远程终端,通过网站主机来实现互相之间的联系。这样仅仅在刚开始登录的时候有一个身份验证，而身份验证通过之后就不会采用一些特殊的功能来对从不同 IP 地址发送来的信息进行验证与过滤，所以就有很多的安全隐患存在。QQ 炸弹的攻击原理就是利用 UDP 数据通信不需要验证确认的弱点，只要拿到用户的 IP 地址和 QQ 通信端口即可发动攻击。目前已经有很多软件能够给 QQ 用户发送大量匿名消息，如 OICQ Sniffer、OICQ Spy 等，特别在安全性相当低的早期版本里，很容易受到消息炸弹攻击。这些软件甚至还可以伪装成用户好友的号码给用户发送信息，如 OICQ Shell Tools。

（二）防范黑客攻击的方法

目前，黑客的攻击已超过计算机病毒的种类。每当有一种新的攻击手段产生，这种攻击方法便能通过互联网在一周内传遍全世界。黑客教程及黑客网址随处可见，使得学习黑客攻击方法成为一件轻而易举的事。国内网站也是频频遭受黑客攻击，企业、商业、普通用户在网上同样也面临黑客攻击的危险。因此，掌握防范黑客攻击的方法，有效地保护网络安全已是一件刻不容缓的事。

1. 扫描端口和 IP 地址

端口对应特定的服务，所以当要检测计算机是否被植入了木马程序，或是检测本网段计算机是否提供了不该提供的服务或者开放了不该开放的端口的时候，应该扫描计算机的端口。

进行计算机端口扫描能够获得大量有效信息，进而发现系统中存在的安全漏洞。端口扫描也是一种获取主机信息的好方法，使用端口扫描程序网络上的任意一台主机都能够获悉该主机使用的操作系统和主机提供的服务，通过收集扫描的信息，也能轻易地掌握一个局域网的构造。

扫描方法一般有手工扫描和使用端口扫描软件扫描两种。手工扫描的方式要求扫描者掌握各种命令，能够分析命令执行后的输出。用端口扫描软件进行扫描时，许多扫描器软件都有分析数据的功能。

2. 设置复杂密码

（1）密码设置

选择有效的密码防止黑客攻击是很有效的一种方式。最有效的密码应该容易记住，但黑客却很难猜测或破解。

保持密码安全性有一些要点：不要将密码记录在纸质载体上；不要将密码记录在计算机文件中；不要将密码告知他人；不要在不同系统中使用同一个密码；在输入密码时要提防他人记录密码；定期改变密码，至少 6 个月要改变一次。

定期改变密码，会将黑客攻击的风险降到一定限度之内。

每个人都应该重视保护自己账户的密码，降低被他人截取的可能性，从而保护个人的资料以及系统的安全。

（2）新型的密码安全机制

以上分析的是传统的保障密码安全的方法，当前，也出现了一些新型的密码安全机制，如动态密码和利用使用者的生物唯一识别信息作为密码验证。

动态密码是周期性地改变密码，以减少密码被破解的机会、增强密码安全的机制，动态密码卡是一种最常见的应用。在动态密码卡和服务器中都存储有同一密码种子（Seed）。验证密码时，从密码卡中取出当前时间与密码种子，经过单向函数的变换，计算出一个密码，服务器也采用同样的方法得到一个密码，比较这两个密码，得到验证。动态密码卡与服务器之间的时间同步是确保准确验证的前提。目前，一些安全方面的著名公司，如惠普等推出了动态密码卡产品。

利用使用者的生物唯一识别信息作为密码验证，这一先进的安全认证机制正在积极地研究与完善中，将逐渐应用于多种场合。可以利用的识别信息包括指纹、视网膜等，这些特征信息是个人唯一拥有的，提取这些特征，可以用于个人的身份验证。提取的识别信息数据量过多，会存在存储开销大、传输效率低等缺陷；数据量过少，又可能出现误判。因而如何准确地提取识别信息，是当前的一个研究热点。

3. 软件清除木马

对普通用户来说，目前较好的识别和清除木马程序的方法是用杀毒软件，如 AVP、NAV、Cleaner、瑞星、KV3000、AV98、KL2000。下面介绍几款专业的查杀特洛伊木马的软件。

（1）The Cleaner 3.1

该杀毒软件可在目前主要的 Windows 平台 Windows 9X/NT/2000 中应用，内置 3000 余个木马标识，可在线升级版本和病毒数据库，操作简单、功能强大。

（2）Trojan Remover

该杀毒软件应用平台有限，仅为 Windows 9X，这款工具专门用于清除特洛伊木马和自动修复系统文件。

（3）Lockdown 2000

该杀毒软件是一款特洛伊木马实时监控类软件。Lockdown 2000 自带了一个特洛伊木马的样本库，用户可以经常在线升级。

4. 设置电子邮件的安全性

（1）加密

最有效的保护电子邮件的方法是使用加密签字来验证电子邮件信息。通过验证电子邮件信息，可以保证信息确实来自发信人，并保证在传送过程中信息没有被修改。对电子邮件加密的另一个作用是为了阻止别人在截获了用户的电子邮件之后不能正确读出用户的内容。

（2）过滤

过滤是处理垃圾邮件的基本方法。过滤器能够根据用户设计的规则过滤邮件。如将邮件的发送者地址、邮件的标题作为依据决定是否接收。电子邮件的主机系统管理员能够在电子邮件的服务程序中设置具体条件，规定何种邮件不能接收，如拒绝接收发送地址为广告公司的电子邮件。用户也可以在电子邮件客户程序中自行设置过滤条件。

另外，还要配置电子邮件服务器，不允许 SMTP 端口的直接连接，并防止来自其他站点的假邮件。配置防火墙，将外来的邮件定向到邮件服务器，能够集中记录邮件，便于跟踪和检测异常邮件活动。对于弹回来的电子邮件错误信息应注意研究，它经常能提供许多抓住入侵者的有用线索，检查电子邮件的头信息，这里往往包含了邮件被传送的轨迹，头信息中的 "Received" 或 "Message-ID" 信息以及电子邮件中的 "sent/reveived" 日志都是很有用的信息，要看它们是否匹配。

应设置邮件传送 Daemon，阻止 SMTP 端口的直接连接，避免接、发欺骗性的。设置一个防火墙，公司外部的 SMTP 连接到一个电子邮件服务器上，以使站点只有一个电子邮件入口。这样，就会有一个集中的登录站点，便于追踪不正常的电子邮件活动。

5. 防范 QQ 炸弹的方法

（1）安装防火墙程序

如果将防火墙程序中的安全等级设计为高级，则防火墙程序会检查用户通过网络发送和接收的任何一个字节，并不间断地检查指定的端口。防火墙程序会主动拦截检测到企图进入系统的异常的数据，同时向用户提供这些异常数据的发送者的 IP 地址和有关信息。

（2）及时升级 QQ 版本

腾讯公司十分重视 QQ 中的安全隐患，在设计各个版本的 QQ 时已经采取了必要的加密方式。所以 QQ 软件与 QQ 的攻击软件相比，QQ 软件总是先行一步，QQ 的攻击软件总是跟在 QQ 软件的后面，新版本的 QQ 的加密方式不同于以往版本的 QQ 的加密方式。当前黑客使用的查看 IP 地址的工具、QQ 炸弹等攻击程序的适用性较强，如果用户将 QQ 升级为最新版本，现有的工具则无法实施攻击。

（3）其他方法

当用户在使用 QQ 进行网上聊天、或通过 QQ 传输文件的时候，为提高安全性，还应注意采取以下措施：将个人设置中的身份验证方式设置为"需要身份认证才能把我加为好友"并设置"拒绝陌生人消息"；用软件或者使用代理服务器隐藏自己的 IP 地址；注意 QQ 密码长度和复杂度；不要把自己的电子邮件地址给陌生人查看，如果实在有需要，需注意电子邮箱密码设定的长度和复杂度。

第四节 企业网络面临的威胁

一、网络设备所面临的威胁

路由器是企业网接入互联网的最外层网络设备。任何网络攻击都要通过路由器，一些攻击方式直接利用路由器的设计缺陷进行攻击，而有些方式是在路由器上进行的。

例如，发送虚假路由信息，使路由器、路由表混乱，从而导致网络瘫痪，或者攻击者将自己的 IP 地址伪装成企业局域网用户的 IP 地址或可信任的外部网络用户的 IP 地址发送报文干扰网络数据传输，或者伪造一些可接收的路由报文来更改路由信息以窃取机密，还可利用路由器软件的某个版本存在的漏洞，通过查询特定的端口来进行攻击，使得整个路由器瘫痪而无法正常运行。

局域网上最重要的联网设备——交换机也存在着类似的问题。

路由器与交换机上存在着以下潜在的威胁。

一是弱口令，在网际操作系统（Internetwork Operating System，IOS）中，特权密码的加密方式分为强加密和弱加密，普通密码在一般情况下是明文，并且密码的设置强度可能不够。

二是网际操作系统自身的缺陷，网际操作系统作为路由器与交换机的操作系统，由于自身的漏洞而带来的安全风险。

三是非授权用户可以管理设备，可以利用 Telnet 或 SNMP 通过网络对设备进行带内管理，还可以通过控制台（Console）与 AUX 接口对设备进行带外管理。

通常情况下，带外管理没有密码的限制，安全隐患较大。

四是 CDP 造成设备信息的泄露，思科（Cisco）公司为了便于查找联网的思科设备，开发了专用的 CDP，该协议在便于查找设备的同时也泄露了设备的基本信息，很容易被攻击者利用来发动 DoS 攻击。

二、操作系统所面临的威胁

操作系统作为整个系统管理和应用的基础，其地位举足轻重。操作系统的规模往往比较庞大，因此软件设计的漏洞总是存在，易被发现和利用，如果发现者为恶意用户，那后果将不堪设想。以下是两个针对操作系统的漏洞进行攻击的例子。

（一）IPC$ 入侵

IPC$ 即"命名管道"，这是 Windows 操作系统独有的特色功能，即在两台计算机之间建立通信连接。借助这个功能，能够将网络程序的数据交换建立在 IPC 上，进而实现计算机的远程访问和远程管理。

为了配合 IPC 共享工作，Windows 操作系统在安装完之后，自动设置共享的目录为磁盘 C 分区、磁盘 D 分区、ADMIN 目录等，即 C$、D$、ADMIN$，这些共享是隐藏的，只有管理员能够对它们进行远程操作。

通过 IPC$ 进行入侵的条件是已获得目标主机管理员的账号和密码，一旦获得了目标主机管理员的账号和密码，入侵者就可以使用 net use\\192.168.1.1\IPC$ " password " /user： " administrator " 这样的命令把远程主机 192.168.1.1 的磁盘 C 分区映射成本地的磁盘分区，从而在本地就可以方便地对远程主机执行任意操作。

（二）Windows 内核消息处理本地缓冲区溢出漏洞

Windows 内核消息处理本地缓冲区溢出漏洞可能会加速本地用户权限的提升。入侵者先以普通用户的身份交互登录到操作系统，然后植入专门的溢出工具，利用该漏洞进行权限的提升并使之拥有管理员的权限，从而达到完全控制系统的目的。

除此之外，还有很多利用系统漏洞进行攻击的例子，在此不再一一列举。

三、应用服务所面临的威胁

应用层面的服务是企业重点关注的，企业中最常提供的应用服务包括 Web

服务、电子邮件服务、数据库服务等。既然提供了这些服务，那么就有针对这些服务的攻击，下面简单介绍几个例子。

① Web 服务是网络中最常见的服务之一，同时也是最受黑客关注的服务。其中的某些漏洞可以让攻击者获得系统管理员的权限进入站点内部。

② 目前很多企业都采用微软 SQL Server 作为数据库平台以存储重要数据。数据库超级管理员不能够被删除或改名，但有不少数据库管理员在设置 SQL Server 账户密码时，不设置超级管理员口令或者设置得非常简单，这将导致数据库直接暴露在网络上。

③ 企业内网用户常见的应用就是收发电子邮件。如果每天都收到很多电子广告、电子刊物、各种形式的电子宣传品或隐藏发件人身份、地址、标题等信息的电子邮件，那么就会干扰用户的正常工作，这类邮件统称为垃圾邮件。如何在电子邮件服务器上防范垃圾邮件就成为企业邮件系统的重要工作之一。

通过以上的例子，可以看到无论哪种应用服务，只要提供给外部使用，都会存在一些漏洞，而这些漏洞一旦被怀有恶意的人掌握，那么后果是很严重的。

第五节　计算机网络安全的发展趋势及研究意义

一、网络安全的发展趋势

（一）网络安全攻击的发展趋势

随着分布式攻击工具的出现，攻击者可以管理和协调分布在互联网系统上的大量已部署的攻击工具。如今的自动攻击工具可以根据随机选择、预先定义的决策路径或通过入侵者直接管理来变化它们的攻击模式和行为；攻击工具还可以通过升级或更换工具的一部分功能而发生迅速变化，从而发动迅速变化的攻击，并且在每一次攻击中会出现多种不同形态的攻击工具。此外，攻击工具越来越普遍地被开发为可在多种操作系统平台上执行。

发现安全漏洞的数量每年都在成倍地增加，而且新类型的安全漏洞也不断出现。虽然系统管理人员不断用最新的补丁程序来修补这些漏洞，但是入侵者却经常能够在厂商修补这些漏洞之前发现攻击目标。

如今网络已经成为人们工作和生活的一部分，人们越来越依赖网络服务，一旦黑客对网络基础设施的攻击得手，造成的损失和影响也会越来越大，这也动摇人们对网络安全性的信心，长远来讲会影响信息化的进程。

（二）网络安全防御的发展趋势

传统的病毒检测和查杀是在客户端完成的。但是这种方式存在着缺点，若某台计算机被发现存有病毒，则说明病毒已经感染了单位内部几乎所有的计算机。在单位内部的计算机网络和互联网的连接处放置防病毒网关，一旦出现新病毒，更新防病毒网关就可清除每个终端的病毒。通常来说，基于 RADIUS 的鉴别、授权和管理系统是一个非常庞大的安全体系，主要用于大的网络运营商的安全体系，企业内部并不需要这么复杂的东西。由于来自内部的攻击越来越多，管理和控制也比较复杂，因此，鉴别、授权和管理系统应用于内部网络是一个必然的趋势。

网络安全越完善，体系结构就越复杂，最好的方式是采用集中网管技术。审计和取证功能变得越来越重要。审计功能不仅可以检查安全问题，还可以对数据进行系统的挖掘，从而了解内部人员使用网络的情况，了解用户的兴趣和需求等。

二、网络安全的研究意义

网络安全是一个关系国家主权、社会稳定、民族文化继承和发扬的重要问题。其重要性正随着全球信息化步伐的加快而变得越来越突显。"家门就是国门"，安全问题刻不容缓。

网络安全从其本质上来讲就是网络上的信息安全。从广义来说，凡是涉及网络上信息的保密性、完整性、可用性、真实性和可控性的相关技术和理论都是网络安全的研究领域。

网络安全的具体含义会随着角度的变化而变化。例如，从用户（个人、企业等）的角度来说，他们希望涉及个人隐私或商业利益的信息在网络上传输时受到机密性、完整性和真实性的保护，避免其他人或对手利用窃听、冒充、篡改、抵赖等手段侵犯用户的利益和隐私，防止访问和破坏。

从网络运行和管理者角度来说，他们希望对本地网络信息的访问、读写等操作受到保护和控制，避免出现"陷门"、病毒、非法存取、拒绝服务和网络资源非法占用、非法控制等威胁，制止和防御网络黑客的攻击。对安全保密部门来说，他们希望对非法的、有害的或涉及国家机密的信息进行过滤和防堵，避免机要信息泄露，避免对社会产生危害、对国家造成巨大损失。从社会教育和意识形态角度来讲，网络上不健康的内容，会对社会的稳定和人类的发展造成阻碍，必须对其进行控制。

第三章　云计算理论研究

从技术角度来说，云计算本身并不是一种新的技术，更接近于现有技术的重新组合，它关注的是最终用户以及用户的体验，是一种商业模式。云计算的实现需要三大基石：虚拟化、标准化、自动化，构建在这三大基础之上的云计算才能提供高效、稳定、可靠的服务。

第一节　云计算的实现机制

一、云计算的基本原理

实现云计算的基本原理是，在大量的分布式计算机集群上，通过虚拟化技术使这些硬件基础设施形成集群，实现不同的资源池（如存储资源池、网络资源池、计算机资源池、数据资源池和软件资源池），对这些资源池实现自动管理，部署成不同的服务供用户使用。用户根据需求选择应用，这使得企业能够将资源切换成需要的应用，用户根据需求访问计算机和存储系统。将这种计算能力作为一种商品进行流通，形成按需使用、按需付费的商业模式。

二、云计算的产业构成

从行业的产业链角度来说，云计算的发展离不开它的产业链。在政府的监管下，云计算的软件服务提供商、硬件服务提供商、网络基础设施服务商以及云计算咨询、规划、运维、集成服务商，云计算终端设备厂商构成了云计算的生态链，为政府、企业、一般用户提供服务，在这中间，政府履行规则的制定和运行的监管等职责。

（一）云计算的类型

一般情况下，人们把云计算分为软件即服务（SaaS）、平台即服务（PaaS）和基础设施即服务（IaaS）三种类型，目前各个厂商还没有统一的标准，不同的厂商又提供了不同的解决方案，直接导致了用户在选择解决方案时的困惑。

因此，有必要根据目前不同厂家解决方案的特征，对云计算的主要功能进行归纳总结，提供一个供参考的模型。

（二）云计算的体系结构

云计算的体系结构分为四层：物理资源、资源池、管理中间件、面向服务架构（SOA）。其中物理资源层主要包括硬件产品（如计算机、存储器、网络设备）、数据库和软件等。资源池层是由物理硬件集群构成的同构或异构的资源池，主要包括计算资源池、存储资源池、网络资源池和数据资源池以及软件资源池等。管理中间件层负责资源管理、任务管理和用户管理。SOA层将云计算的应用封装成网页服务。

物理资源层的主要功能是物理资源的集群和管理，如集装箱服务器，在一个标准的集装箱里放2000台服务器，包括它的散热系统和节点故障管理系统。

资源池层主要功能是通过虚拟化技术将物理资源构建成同构或异构的资源池。

管理中间件层主要负责资源的管理、任务的调度、用户管理和安全管理等。其中，资源管理的主要任务是自动调整资源的负载均衡、对故障进行检测、恢复故障以及对资源的运行起监视统计作用。任务调度主要的工作是完成任务映射的部署和管理，任务的调度、执行以及生命周期管理等。用户管理主要负责账户的管理、用户环境的配置、用户的交互管理、用户使用计费。安全管理主要包括身份认证安全、访问权限设置、综合防护以及安全审计。管理中间层中的这些工作主要由中间件软件完成，目前中间件比较流行的软件有Weblogic、Sphere等。

SOA层主要的功能是将云计算的各种应用封装成Web服务的形式。通过wel接口用户可以选择需要的服务，包括服务接口、服务注册、服务查询、服务访问以及工作流等。

第二节 云计算与数据中心

一、企业数据中心

企业数据中心（Enterprise Data Center）是指在企业或机构内部之间实现信息集中管理和共享，并为企业内部或机构之间提供信息服务与决策的信息平台。数据中心可以是一个建筑物或者建筑物的一部分，它实现了数据信息的集中处理(包括数据的传输、存储、交换和管理),并且拥有完善的设备(包括通信设备、带宽接入、高性能的局域网、安全可靠的机房环境)。

目前,企业、院校、研究结构、大型超市、政府机构或者联合机构等都设立了自己的数据中心,几乎遍布于各个区域,它们的名称有所不同,如计算机中心、网络中心、信息中心等。根据企业的规模,数据中心的规模也是可大可小的。

在我国,企业数据中心包含计算机设备、服务器设备、网络设备、通信设备以及存储设备等关键设备,企业构建数据中心的目的主要是为企业内部、合作伙伴以及客户提供支撑信息的平台,可以处理数据和访问数据。

(一)数据中心的分类

在我国根据规模差异,将数据中心分为A、B、C三级,其中A级数据中心为容错型,主要是为了满足系统在运行期间不会因为操作失误、维护、故障检修等导致系统运行中断;B级为冗余型,主要是为了满足系统在运行期间,在冗余范围内,不因设备故障等导致系统运行中断;C级为基本型,在场地和设备正常情况下,能保证系统的正常运行。

(二)数据中心的结构

数据中心是信息高级发展阶段的核心工程,它的构建是十分复杂和艰巨的。它的结构主要包括基础设施层、信息资源层、应用支撑层、应用层和支撑体系层。

基础设施层是支撑整个系统的底层,主要包括机房、主机、服务器、带宽接口、各种硬件和系统软件。

信息资源层包含数据中心中所有的数据,包括数据库、数据仓库等。该层负责整个数据中的信息的存储和规划。

应用支撑层主要负责应用层中需要的各种组件,也包括第三方组件。

应用层主要包括数据中心定制开发的应用系统,包括数据服务类应用、管理运维类应用、标准建设类应用以及建设类应用。其服务于不同对象企业的内部和外部的信息门户系统,如办公系统、邮件系统、门户网站等。

支撑体系层主要包含标准规范体系、安全体系、数据容灾备份体系、运维管理体系等。

二、云计算时代的数据中心

随着信息量爆炸式的增长,人们要处理的数据也越来越多,大数据时代已经到来，传统的数据中心面临着严峻挑战，即传统的数据中心体系复杂，管理维护难度大；资源按谷峰需求进行配置导致资源占用多，很多时候资源都处于闲置状态，利用率低，造成了很大的浪费；系统的稳定性差，以人工服务为主，导致成本很高，解决问题的效率低；新兴的业务越来越多，部署起来却很慢。云计算数据中心则可以解决传统数据中心面临的挑战。

（一）云计算数据中心优势

云计算数据中心的优势表现在以下几个方面：云计算数据中心采用虚拟化技术，可以使服务器工作更加饱满，基础设施的工作更加饱满；云计算数据中心可以一直在高负荷的状态下运行，并能保证其高可靠性；云计算数据中心更加节能，主要表现在负荷高，工作效率高，投入产出比高；云计算数据中心可以实现弹性自动负载均衡管理，对于云计算数据中心来说，某个服务器的维护、改建、迁移或停止不会对数据中心产生太大影响。总的来说，云计算数据中心最大的优势是更低的成本、更高的服务质量、更短的开发部署周期以及更便捷的运维管理，可以适应大数据时代。

（二）改造成云计算数据中心需注意的事项

在云计算时代，传统的数据中心正向云计算数据中心演进，企业正在改造原有的数据中心或者新建数据中心，在改造或新建过程中，应该注意以下几方面。

首先，传统数据中心的云化改造。要从规划开始，在可靠性、可用性、可管理性以及效率投资等各项指标中进行综合平衡，确定基础架构的环境、安全等级、服务等级等，预算出合适的成本价格。

其次，云计算数据中心改造是一个复杂和烦琐的过程，要实现数据中心的统一规划、统一模块化、分阶段进行、可循环使用，更好地满足不同用户的需求，最大程度地减少初期的一次性投入。云计算数据中心的安全性、自动性，资源的统筹以及运维能力等与数据中心的高效运营有着密切的关联。

最后，云计算数据中心采用标准化和模块化的架构有助于实现数据中心的高可靠性、高性能性和易扩展性。

第三节 云计算的标准化需求

一、云计算服务模式

当前，云计算缺乏统一的标准规范，各产品和解决方案在操作上难以兼容，从而未形成成熟的产业链。各企业为了自身的云计算业务发展，纷纷推出不同的平台和服务标准，极大地阻碍了云计算硬件的通用性和替代性以及软件适应性与继承性的发展，使得云服务提供商和用户的利益、云计算的长期稳定发展得不到有效保证。

现行公认的云计算服务模式有以下三种。

①软件即服务，即为用户提供运行在云基础设施上的应用程序的使用能力。

②平台即服务，即为用户提供将用户开发或购买的应用程序部署到云基础设施的能力。

③基础设施即服务，即为用户提供处理、存储网络和其他基本计算资源。

三个层次的发展情况各不相同，对标准化的需求也各有差异。

（一）软件即服务的标准化需求分析

软件即服务是通过互联网向用户提供软件应用服务的业务形式。不过市场还没有形成软件即服务的明确概念，对软件即服务模式缺乏统一的认证和判断标准。软件即服务的标准化工作是在软件业标准制定的基础上发展而来的，其标准化需求包括以下四个方面。

①为保障实施质量所依据的标准尺度和评价手段。

②推进软件产品和服务得到用户的信赖、接纳。

③统一软件行业的概念、业务模式等，对每类技术和产品进行统一规范。

④行业总体规划信息化，规范市场，避免给国家安全带来隐患。

（二）平台即服务的标准化需求分析

平台即服务是云计算中的"高端产业"和未来互联网创新的重要源泉，也是新互联网商业模式中的关键环节。其目的是为互联网业务开发者及用户提供开发平台和运行环境，作用类似于计算机的操作系统，用户可以用简单的方式开发互联网应用供自己使用。尽管对平台即服务的预期很高，但其在世界范围内还处于起步阶段，需要标准化的内容很多，如用户接口、开发者和平台接口及平台互通等。由于当前具体的大规模平台即服务业务还未出现，标准化的工作尚处于规划阶段。

（三）基础设施即服务的标准化需求分析

基础设施即服务是云计算中的基础业务形式，是物理资源的拆分和虚化，涉及硬件设备、管理系统和软件系统等多个层面，因此需要标准化的层面也比较多。具体来说，基层是物理环境的标准化，如机房、电力、空调、温度湿度、设备布置、走线及中控等；向上一层是业务设备的标准化，如包括二层、三层的数据交换，服务器及分布式存储等网络设备；再向上一层则是物理设备的管理和控制、计算与存储等资源的管理和调度等；另外一层则是同用户和其他基础设施即服务系统的接口，系统的安全等也都需要进行标准化。此外，基础设施即服务提供商还应具备完善的业务审计、安全保障及服务规范等多方面的能力。

综上所述，云计算的标准化涉及云服务的三层架构，而需要制定的标准类型将会覆盖云计算的各个层面，包括技术、产品、实施、测评及安全等。在云计算迅猛发展的今天急迫地需要制定云计算的建设标准和应用标准。因此，必须尽快制定具有自主知识产权的云计算标准，充分发挥云计算低成本、低能耗等的各种优势，推动云计算在各行各业应用的落地进程。

二、云计算的标准化现状

（一）国际云计算标准化现状

当前国际上最典型的两个云计算标准是开放虚拟化格式（Open Virtualization Format，OVF）和 vCloud API。开放虚拟化格式是 VMware 领导业界厂商一起提交，经过分布式管理任务组（DMTF）三年整理，于 2010 年 9 月批准的业界云负载标准。VMware 的管理软件包都遵循该格式规范进行发布，而且越来越多的软件开始参考开放虚拟化格式规范。v Cloud API 是一个云访问控制 API 标准，由 VMware 和众多业界厂商于 2009 年 9 月向分布式管理任务组提交。

分布式管理任务组开发了云计算互操作性与安全标准，并于 2009 年推出了开放云标准孵化器（Open Cloud Standards Incubator，OCSI）项目来解决云计算对开放管理标准需求的难题。美国国家标准与技术研究院致力于促进技术创新与产业竞争，通过更为先进的计量科学、标准与技术来加强经济安全。开放云联盟（OCC）是成员驱动型组织，意在开发云计算的参照实例、基准以及标准。开放网格论坛（OGF）是一个驱动分布式计算快速发展与推广应用的开放社区，完成了从搭建开放社区、探索趋势、分享最佳实践到整合实践形成标准的各项工作。

此外，开放网络论坛还建立了开放云计算接口工作组，针对云基础设施推出了一套开放社区、共识驱动的 API。美国存储网络产业协会（SNIA）已经担负起促进开发存储需求与技术、全球标准以及存储教育的责任。云安全联盟（CSA）公布了云计算在一些关键领域的安全指南。云计算互操作论坛（CCIF）

是一个中立于供应商的开放社区技术的支持者兼使用者，致力于驱动全球云服务的推广。针对云计算标准协调的维客（WIKI）站点，文档化了各种标准化组织在云计算方面发布的标准和指南。

众多专利与开放 API 被提出，以提供基础设施即服务之间的互操作。除开放虚拟化格式和 vCloud API 两个标准外，GoGrid API 也被提交给开放网格论坛的开放式云计算接口（OCCI）工作小组，但由于在实现行业重大备份上效果不佳而未被采纳。

从长远角度来看，云业务的可移植性、云平台的互操作性及安全性是推动云计算产业发展的重要保证。云计算用户希望能够灵活地创建新的数据和应用，并能够方便地实现转移，而不管基础设施由谁提供（无论是公共云、企业防火墙内的私有云、传统的 IT 环境，还是三者的组合）。

因此，云服务提供商需要具备标准的互操作接口，使云计算用户可以将任何云服务提供商的能力纳入其解决方案。如果没有标准，则收回云中运转系统或者更换云服务提供商就会受限。所以，业务可移植性、平台互操作性以及安全性是目前标准化的重点，如分布式管理任务组、开放网格论坛、美国国家标准技术研究院及云安全联盟等组织都在关注这方面的内容。

（二）国内云计算标准化现状

在 2009 年之前，国内云计算基本处于概念引入阶段。从 2009 年以后，国内云计算开始进入实质性发展阶段。从政府到基础电信运营商，再到互联网公司和设备提供商纷纷转向云计算产品的研发，并开始小规模地推出面向用户的云计算产品。

经过近 10 年的发展，云计算已从概念导入阶段进入广泛普及、繁荣应用的新阶段，已成为提升信息化发展水平、打造数字经济新动能的重要支撑。结合"中国制造 2025"和"十三五"系列规划部署，工业和信息化部编制印发了《云计算发展三年行动计划（2017—2019 年）》。

当前，国内的云计算标准化工作主要是对国际标准化组织云计算标准的梳理和国内云计算商业应用的调研，并以此规划国内的云计算标准体系及云计算标准制定工作。同时，国内也正在积极参与国际云计算标准化相关工作，并把云计算相关研究成果提交到了国际标准化组织。

早在 2008 年，中国通信标准化协会（CCSA）的 TC1、WG4 部门就开始对云计算进行广泛深入的跟踪和研究，同时移动互联网应用协议（TC2）特别组也开展了云计算相关标准的研究工作。

WG4 的工作范围包括以下两点：①IP 与多媒体新技术和热点问题的前瞻性研究、IP 与多媒体新技术评估、IP 与多媒体新技术标准化研究等，向相关组织提交文稿；②跟踪 IP 与多媒体领域国际标准化活动，协调各成员单位所提交的国际标准提案的内容。

TC1、WG4 把云计算标准的制定集中在基础设施、软件即服务、平台即服务、基础设施即服务四个层次，按标准范围主要分为服务规范、技术架构、公共支撑三个方面。从平面结构来看，云计算标准体系架构需要建立一系列基础标准，对云计算的术语、定义、需求及业务场景等进行明确和定义。对不同的业务层面都需要建立相应的运营服务规范、技术架构（架构、协议与关键技术）标准和公共支撑性体系。根据不同层面的特点，具体标准体系的内容会有较大不同。

从公共支撑标准体系的角度，对不同业务层面也要制定相应的安全、部署及数据迁移等标准。此外，对于云计算整体的术语、定义、业务需求及场景等还需要一系列的先导标准。云计算的软件开发规范、云数据定义等方面也需要有单独的标准体系来进行规定。

1. 云计算相关的标准制定

根据上述分析，TC1、WG4 研究制定的规范，预期包括云计算与电信网络和互联网相结合的应用场景与技术需求、技术架构、核心技术、业务平台规范、典型业务的实现规范、设备技术要求与检测规范等。

2. 互联网数据中心的标准制定

互联网数据中心（IDC）是由网络设施、IT 设施、机房环境、业务支撑系统等共同构成的完整体系，从技术角度来看主要包括以下四个层次。

（1）机房基础设施

机房基础设施主要包括机房建设、内部布线、电力保障、制冷系统、绿色节能等技术内容。

（2）网络及 IT 基础设施

由交换机、路由器、防火墙等网络设备组成的内部网络为 IDC 提供网络保障，以服务器、存储设备、存储网络等为主的 IT 资源是 IDC 提供业务的基础资源。随着云计算等新业务的发展，对 IDC 的网络及 IT 基础设施也提出了网络融合、无拥塞转发等新的要求。

（3）IDC 业务服务

根据电信业务分类目录，IDC 可以提供设备和其他 IT 资源（如数据库等）代维、出租的服务，以及安全等增值服务。未来云计算等新业务也将依托于

IDC 实现,对 IDC 的服务能力提出了新的要求。

(4)运营支撑系统

运营支撑系统提供对 IDC 基础环境(如网络、环境、能耗等)的监控,以及对 IDC 业务的支持能力(如资源调度、业务计费等)。

根据 IDC 的技术层次,构建 IDC 的标准体系。目前,对 IDC 的标准化工作是从技术比较成熟且急需的方面入手。

首先,基于目前国内已经发布了《数据中心设计规范》(GB/T 50174-2017)标准,并参考相应国际标准以及通信行业 IDC 机房的具体需求,制定 IDC 的总体技术要求,对 IDC 基础设施、综合布线、机房布局、电源、制冷、环境等方面提出规范要求,从标准角度规范 IDC 的建设。在总体技术要求中也可以考虑加入对运营支撑系统的要求。

其次,IDC 作为一种公众电信服务平台,应该从标准的角度提出对服务本身的业务质量要求,包括服务能力、用户服务质量要求等,以提高 IDC 的服务水平,保障用户权益。对于 IDC 的业务服务规范,可以根据电信业务分类目录中对 IDC 业务内容的划分制定系列标准。

最后,对于云计算等新兴计算模式所带来的虚拟化技术应用,致使 IDC 的整体技术发生较大的变化,有必要对基于虚拟化技术的数据中心总体技术要求进行研究。另外,根据技术的发展情况及国际标准化进程,可适时对 IDC 中基于虚拟化的网络技术、网络设备进行标准化。对于基于虚拟化的 IDC 业务运营支撑系统,可根据技术及业务的发展情况进行跟踪研究。

在 IDC 从基础设施到业务运维能力进行整体规范化的基础上,应制定 IDC 的综合分级、评估标准,并对 IDC 进行科学的分级评估,以促进 IDC 行业向高技术水平、高服务能力、绿色节能的方向发展。另外,对于 IDC 发展过程中所出现的一些新产品类型,如集装箱式 IDC,其对于传统的 IDC 来说相对独立,因此可以单独制定技术标准。

三、云计算需要标准化的主要层面

标准制定的最终目的是规范产品和服务,通过促进市场合作和有序竞争来服务于产业发展。因此,标准制定一定要与产业发展的阶段相适应。具体而言,云计算需要标准化的主要层面如下。

①云计算互操作性和集成标准涵盖不同云之间,如私有云和私有云、公有云和公有云、私有云和公有云之间的互操作性和集成接口标准。

②云服务接口和应用程序开发标准，主要针对云计算业务层面的交换标准，包括业务层面如何调用、使用云服务。

③云计算不同层次之间的接口标准，包括架构层、平台层和应用软件层之间的接口标准。

④云计算商业指标标准，即云计算用户提高资产利用率、资源优化和性能优化、评估性能价格比等方面的标准。

⑤云计算架构治理标准，包括设计、规划、架构、建模、部署、管理、监控、运营支持、质量管理和服务水平协议等方面的标准。

⑥云计算安全和隐私标准，包括数据的保密性、完整性、可用性以及物理上和逻辑上的标准。

SOA 标准工作组在跟踪国外云计算标准化研究布局的基础上，联合国内众多标准化组织、企业、高校和研究所发布了云计算标准体系。

四、云计算基础类标准

目前，云计算的基础类标准规范主要侧重于概念及架构、标准制定原则、政策法律法规等方面，研究成果较多，如表 3-1 所示。

表 3-1 云计算基础类标准规范研究成果一览表

研究领域	研究组织	研究成果
概念及架构（术语、技术体系、分类及标记）	美国电气和电子工程师协会	—
	国际电信联盟	《云生态系统介绍——定义、分类和用例》
		《功能要求和参考架构》
		《提供基础设施和网络的云》
	美国国家标准与技术研究院	《云计算的 NIST 定义（草稿）》
	互联网工程任务组	—
	ISO/IEC JTCI/SC38	《云计算研究报告》（第 1 版）
	中国电子学会云计算专家委员会	《2012 云计算白皮书》
	中国电子技术标准化研究所	《云计算基本参考模型》《云计算术语》
	中国移动研究院	云计算技术发展概况
标准要求（标准化指南）	对象管理组织	《对象管理组织云计算标准——建立一种多视角的技术规范》
	中国信息技术服务标准工作组	《国际标准化及云计算领域工作思考》

续表

研究领域	研究组织	研究成果
政策法律法规	韩国云计算论坛	—
	韩国云服务协会	—

国际电信联盟围绕云计算的定义与体系架构标准，于2011年4月制定了三个技术报告：《云生态系统介绍——定义、分类和用例》《功能要求和参考架构》《提供基础设施和网络的云》；美国国家标准与技术研究院提供的云计算概念标准文档，从云计算的核心思想、关键特征、服务模式和部署模型等角度明确给出了云计算的定义，它是目前业界认可度最高的一个技术文档；国际标准化组织/国际电工委员会第一联合技术委员会（ISO/IEC JTCI）分布应用平台与服务分技术委员会（SC38）综合各成员国对云计算的理解与认识，汇总成了《云计算研究报告》（第1版），提供了对云计算整体把握的文稿；对象管理组织（OMG）倡导从多视角对云计算的标准进行研究，并形成了相关报告。

中国电子学会云计算专家委员会通过对云计算的研究，发布了《2012云计算白皮书》，对国内云计算发展的总体情况进行了介绍。中国电子技术标准化研究所对云计算的模型理论及概念术语的描述界定进行了研究，给出了《云计算基本参考模型》和《云计算术语》两个标准初稿，发布了《云计算标准化白皮书》，了解了当前国内外云计算发展的现状及主要问题，梳理了国际标准组织及协会的云计算标准化工作，总结出云计算的主要支撑技术。中国信息技术服务标准工作组对国际标准化组织的研究情况进行了跟踪，对云计算领域的标准化工作进行了思考，并形成了《国际标准化及云计算领域工作思考》技术报告。

另外，互联网工程任务组（IETF）、美国电气和电子工程师协会、韩国的云计算论坛（CCF）和云服务协会（KCSF）也都围绕云计算的概念定义与体系架构制定了相关的标准，不过还没有形成正式文稿。

（一）云计算技术类标准

目前，云计算的技术类标准规范研究主要覆盖虚拟化、网格计算、效用计算、分布式计算、Web服务、SOA、存储等技术领域以及资源管理、开发环境、互操作、部署、资源能效等管理层面，研究成果最多，如表3-2所示。

表 3-2　云计算支撑技术标准研究一览表

研究领域	研究组织	研究成果
虚拟化技术	美国国家标准与技术研究院	—
	分布式管理任务组	《开放虚拟化格式技术规范》（DMTF 标准）、《公共信息模型系统虚拟化（白皮书）》《开放虚拟化格式（白皮书）》
	韩国云服务协会	—
	SOA 标准工作组	
网络计算技术	开放网格论坛	《开放云计算接口核心规范》《开放云计算接口基础设施规范》《开放云计算接口 HTTP 表示规范》
	韩国云服务协会	—
	欧洲电信标准研究所	《ICT 网络互操作性差距研究》（技术报告）、《ICT 网络互操作性测试框架及现有 ICT 网络互操作性解决方案调研》（技术报告）、《ICT 网络互操作性测试框架》（技术规范）、《网络组件模型（GCM）互操作性测试》（技术规范）、《网络组件模型（GCM）应用描述》（技术规范）、《网络组件模型（GCM）分形管理（API）》（技术规范）
分布式计算及效用计算技术	国际电信联盟云计算专项工作组	《分布式计算：设施、网络和云》（技术观察报告）
	中国通信标准化协会	《互联网云计算与 P2P 技术研究报告》
Web 服务技术	结构化信息标准促进组织	研究了服务分发的标记语言，规定了 Office 应用的开放文档格式，描述了 ebXML 的注册信息模型，提供了统一描述、发现和集成规范（版本 3.0.2）
	韩国云服务协会	—
	SOA 标准工作组	Web 服务管理
SOA 技术	结构化信息标准促进组织	SOA 参考模型
	SOA 标准工作组	SOA 术语、SOA 应用的总体技术

续 表

研究领域	研究组织	研究成果
资源管理（资源描述要求）	美国存储网络工业协会	《数据存储中的私有云和混合云管理（白皮书）》
	分布式管理会务组	《云管理架构（白皮书）》
		《云管理的用例和交互（白皮书）》
	国际电信联盟	云计算涉及的服务描述对象（SDO）概述
	开放网格论坛	—
	结构化信息标准促进组织	《症状自动化框架规范》
		《症状框架白皮书》
	云计算互操作论坛	研究了资源描述框架
	中国信息技术服务标准工作组	—
开发环境要求	国际电信联盟	
	美国电气和电子工程师协会	IEEE P2301（云可移植性和互操作性设计指南草案，正在制定）；IEEE F2302（云间互操作性与联合标准草案，正在制定）
	开放式群组	—
	分布式管理任务组	《可互操作的云（白皮书）》
	开放云联盟	—
	ISO/IEC JTCI/SC32	信息技术——互操作性的元模型框架（MFI）
	欧洲电信标准研究所	《网络和云计算技术：通信行业的互操作性和标准化（白皮书）》
	云计算互操作论坛	统一云接口 UCI
	OCM	开放云计算宣言
	OMG	《云标准：开放云（报告）》
	全球云间技术论坛	—
	LA/KI	—
部署要求	互联网工程任务组	—
	美国国家标准与技术研究院	—
	对象管理组织	—
	中国信息技术服务标准工作组	—

续 表

研究领域	研究组织	研究成果
存储技术	开放网格论坛	《云计算的云存储（白皮书）》
	美国存储网络工业协会	《云数据管理接口 CDMI（标准）》
		《CDMI 参考实施工作（试行草稿）》
		《云存储参考模型（试行草稿）》
		《云存储用例，版本 0.5（试行草稿）》
		《公有云中数据存储的管理（白皮书）》
		《云计算的云存储（白皮书）》
		《存储优化的虚拟存储接口（白皮书）》
		《实施、服务和使用云存储（白皮书）》
		《云计算的存储多租户》
	中国电子技术标准化研究所	云数据管理接口规范
	中国移动研究所	云存储接口
资源能效	开放网格论坛	—
	TGG	《绿色网格数据中心的电力效率指标：PUE 和 DCiE（白皮书）》、数据中心的能源策略研究
	TIA	《绿色报告》

  分布式管理任务组对云计算中虚拟化技术的标准研究最多。其中，开放虚拟化格式技术规范描述了一个用来封装和分发运行于虚拟机中软件的格式，该格式的主要特点是，简单和自动的用户体验，支持单虚拟机和多虚拟机部署、可移植的虚拟机封装，独立于供应商和平台，可扩展，易于本地化。一个开放虚拟化格式包含如下内容：1 个开放虚拟化格式描述符文件，以 mf 为后缀；0 或 1 个开放虚拟化格式清单文件，以 mf 为后缀；0 或 1 个开放虚拟化格式证书文件，以 cert 为后缀；0 或多个磁盘镜像文件；0 或 1 个资源文件，如 iso 镜像。美国国家标准与技术研究院、韩国云服务协会和我国 SOA 标准工作组也都围绕虚拟化技术标准开展了相关工作。

  对于网格计算技术，开放网格论坛给出了开放云计算接口、基础设施和 HTTP 表示等方面的规范；欧洲电信标准研究所（ETSI）研究了 ICT 网格互操作性的差分、测试、应用描述及分解管理等解决方案，提出了 6 个相关标准。对于分布式计算及效用计算技术，国际电信联盟云计算专项工作组（ITU-T

FGCloud）论述了效用计算、网格计算和云计算三者之间的关系与区别，中国通信标准化协会（CCSA）给出了《互联网云计算与P2P技术研究报告》。

对于云计算所涉及的Web服务和SOA技术，结构化信息标准促进组织（OASIS）研究了服务分发的标记语言，规定了Office应用的开放文档格式，描述了ebXML的注册信息模型，提供了统一描述、发现和集成的规范；结构化信息标准促进组织还进一步给出了SOA的参考模型。围绕Web服务技术和SOA技术的标准研究，SOA标准工作组给出三个标准，分别对Web服务的管理、SOA的术语以及SOA应用的总体技术要求进行了规范化要求。

对于云计算中的资源管理，美国存储网络工业协会（SNIA）提出的报告主要侧重于数据存储中的私有云和混合云管理，分布式管理任务组的两个技术白皮书分别阐述了云计算管理的架构、用例及交互问题，国际电信联盟概述了云计算涉及的服务描述对象（SDO），结构化信息标准促进组织研究了症状的自动化框架，而云计算互操作论坛（CCIF）研究了资源描述框架（RDF）。

（二）云计算产品类标准

目前，云计算的产品类标准规范研究主要涉及云计算中间件、存储产品和服务平台等方面，研究成果还比较少，如表3-3所示。

表3-3 云计算产品标准规范研究成果一览表

研究领域	研究组织	研究成果
基于云计算的中间件	韩国云服务协议	—
	SOA标准工作组	—
基于云计算的存储产品	—	—
云服务平台	中国移动研究院	弹性云计算服务接口标准
	腾讯公司	云计算平台即服务平台接口规范

中国移动研究院对弹性云计算服务平台搭建中需要遵循的接口规范进行了研究，形成了《弹性云计算服务接口标准》；腾讯公司对于云计算架构中平台即服务层次平台的接口规范进行了研究，形成了《云计算平台即服务平台接口规范》。另外，韩国云服务协议、SOA标准工作组对基于云计算的中间件进行了研究。

（三）云计算实施类标准

目前，云计算的实施类标准规范已经围绕建模方法、生命周期、实施过程、治理方法以及成熟度评估展开了相关研究工作，不过尚没有正式的成果公布。因此，这方面的研究还有很多工作可以开展，是云计算标准制定的一个空白区域。

五、云计算的标准布局

云计算标准化是推动云计算相关技术、产业和应用发展以及行业信息化建设的重要环节。

国际云计算标准化组织研究范围广泛，国内云计算标准化组织研究范围较小。当前，国际上从事云计算标准化工作的组织众多，在30家以上，在业界内都很有影响力，也已经出现了一些比较成熟的云计算标准。而国内云计算标准化组织的工作主要是对国际标准化组织云计算标准的梳理以及对国内云计算商业应用的调研，并以此规划国内云计算标准体系和开展云计算标准制定工作。除了对国际标准化组织云计算标准的梳理之外，国内云计算标准研究组织急需开展更多领域的云计算标准研究工作。

云计算基础理论、支撑技术和运营服务方面的标准研究较多，云计算产品、工程实施和质量测评方面的标准研究较少。出现这种研究失衡的原因是，虽然目前云计算的技术理论模型已经渐趋成熟，但是成功的产业应用较少，因此国内外众多标准化组织的研究重点都放在云计算概念架构、支撑技术、运营服务等方面，对产品、工程实施、质量测评方面的研究不多。但云计算有巨大的商业前景，预计在2~5年内云计算的技术理论、商业应用将会成熟，因此应尽早分析云计算产品需求和市场前景，着手研究云计算产品、工程实施和质量测评等方面的标准，以在这些领域取得话语权。

云计算安全、业务可移植性和云平台的互操作性是标准化重点。安全和隐私是云计算发展中遇到的首要挑战，云安全是云计算生存的关键问题。目前，众多标准研究组织都将云安全看作云计算标准的重点研究领域，云平台与业务安全的标准化是云计算业务获得广泛认可的基础。业务的可移植性、云平台的互操作性是云计算产业发展的保证，云服务提供商只有提供统一标准的互操作接口，才能使云计算用户将不同云服务提供商的服务纳入同一个解决方案，因此业务可移植性和平台互操作性也是目前标准化的重点。

面对云计算诸多方面的标准化需求，国内外标准组织都正在不同方向上进行着标准化努力。目前，国内一些标准组织和企业都在推进云计算的标准化工作，但是由于我国的云计算产业发展仍处于起步阶段，国内云计算标准化工作仍以跟踪国际标准进展为主。因此，为了在全球云计算产业发展中取得更多的话语权，我国标准化组织应根据国内云计算产业发展情况，寻找一些薄弱环节或产业发展的关键环节作为标准化的突破口，加快我国云计算标准化制定工作。

（一）从我国的情况来看

我国云计算的标准化工作应该重视与国际接轨，密切跟踪国际标准化进展，积极参与国际云计算标准化进程。同时，在借鉴国际标准的基础上进行自主创新，建立自主标准体系，提升标准创新能力，确保我国在信息技术的第三次浪潮中占据战略优势地位。

（二）从技术的角度来看

云计算的标准化应有选择、有重点地推进，避免云计算的过度标准化与泛化，否则将阻碍云计算的应用创新。对于云计算业务本身来说，基础设施即服务由于其业务模式和技术实现方式比较统一，是目前最有可能进行标准化的云计算业务形式，而平台即服务和软件即服务由于应用的丰富性和多样性，现阶段不适宜过急进行标准化工作。

（三）从商业的角度来看

云计算的标准化应尊重技术、市场的双重选择，关注开源技术对标准化的影响，同时借鉴互联网国际标准化组织ITF的最佳实现驱动路线。

除了标准化，与云计算相关的法律法规和监管政策也是约束云服务的提供者与使用者的有力武器，而且能够对数据安全、隐私保护等关键问题提供法律层面的保障。因此，为了推动云计算产业的健康发展，国家相关部门需要参考美国等法律法规比较完善的国家的先进经验，结合我国的具体情况进行相关法律法规的制定和修订。

第四节　我国云计算的发展历程与趋势

一、我国云计算的发展历程

继个人计算机、互联网变革之后，云计算作为网络发展的第三次浪潮正向我们走来，它将根本性地改变人们生活方式、生产方式以及商业模式，成为当今全球关注的热点。各个IT巨头公司纷纷加入云计算行业，制定了云计算发展战略，准备进军云计算市场。

我国的云计算发展主要分三个阶段：准备期、起飞期和成熟期。目前云计算发展处于大规模爆发的前夜。2010年6月，胡锦涛总书记指出"互联网、云计算、物联网、知识服务、智能服务的快速发展为个性化制造和服务创新提供了有力工具和环境",把云计算的发展提到了战略发展位置。

（一）准备阶段（2007—2010年）

这一阶段主要是技术储备和概念推广阶段，用户对云计算认知度很低，成功的案例也很少，商业模式和云计算的方案正在尝试中。

（二）起飞阶段（2010—2015年）

这一阶段，产业模式处于高速发展时期，商业模式和行业生态环境越来越好，成功的商业模式逐渐丰富，用户对云计算的了解和认可程度在不断提高，越来越多的商家被强制进入云计算市场，出现了云计算的大量解决方案，用户可以根据自己的情况将业务融入云计算中，公有云、私有云、混合云齐头并进。

（三）成熟阶段（2015至今）

云计算的产业链、行业生态环境基本稳定，各厂商提供了比较成熟稳定的云计算解决方案，市场上运行着很多一切皆服务（XaaS）产品，用户在云计算环境中运行比较良好，云计算成为IT资源的重要组成部分。

二、我国云计算的发展趋势

我国云计算应用市场的发展逐年加快，无论是公有云还是私有云，典型的案例也越来越多。大型的云计算数据中心正在加大力度建设。同时还有众多的软件即服务、平台即服务模式投入了市场。在政府的公有云项目推动下，云计算的发展是迅速的，时至今日，已趋于成熟。

云计算的产业链也正在构建中，政府制定了行业的规则。在政府的监管下，云计算的各种运营商（包括云计算解决方案供应商，云计算规划咨询服务商，云计算运维服务商，硬件、软件、网络基础设施服务商，终端设备商，集成服务商等）一起构成了云计算的生态产业链。

在云计算产业链中，政府除了作为云计算的用户，还在行业战略规划布局以及运行监控中承担了重要的作用。政府是产业的规划者和布局者，从产业规模、从业人员、地域布局、生态建设等方面对产业进行合理规划和布局，并借助资金、技术、人才、土地等资源多方位调控以推进云计算行业的发展。

在未来几年内，云计算应用逐步从互联网行业向制造、金融、交通、医疗健康、广电等传统行业渗透和融合，促进了传统行业的转型升级。目前市场上已经有了政府云、健康云、教育云、交通云、旅游云等业务。在我国的市场中，随着"十二五""十三五"规划明确提出将云计算作为未来科技发展的重要领域，近几年支持云计算发展的相关政策密集出台，云计算市场规模也在逐年翻倍，2016年我国云计算市场规模已经突破3000亿元，2017年4月，工业和信息化部发布《云计算发展三年行动计划（2017—2019年）》，提出2019年我国云计算产业规模达到4300亿元，云计算服务能力达到国际新进水平，云计算在制造、政务等领域的应用水平显著提高，涌现2~3年在全球云计算市场中具有加大份额的领军企业。此外，各级部门明确提出政府部门、银行等政务或金融机构业务逐步迁移至云端，意味着将为私有云厂商带来大量订单，近两年阿里云、腾讯云运营商纷纷0元中标地方政务云，希望借此获得项目的运营权，从日后的数据经营中长期获利。我国发展云计算的政策优势明显，给了行业很好的发展环境，其发展势头很强，速度很快。

云计算的发展带动了整个产业链的发展，对我国IT产业的发展产生了重要影响，主要涉及基础架构（服务器、存储器、通信设备、网络设备等）、中间件、应用软件、操作系统、网络服务的规范、信息安全等在内的诸多领域，云计算将开创各领域全新的应用前景。

云计算作为新一代产业浪潮的重要驱动，将会对社会和经济的发展带来深远影响，其主要表现在如下几个方面。

①将推动我国信息技术设施的建设和信息化发展的进程。

②将促进构建更大规模的生态系统，推动IT产业的发展。

③促进提升科技创新能力。

④可以实现降低成本，有助于绿色发展和节能减排。

第四章　计算机病毒及其防范措施

随着移动互联网快速发展以及个人计算机的普及，网上获取信息、购物、社交等已逐渐成为人们生活中不可缺少的一部分。然而，网络病毒对用户也构成了极大威胁，已成为影响上网安全的主要因素。与十多年前计算机病毒的主要目的为纯粹体现技术和破坏数据不同，现在所有主流的网络病毒都是以赚钱为目的的。想防范网络病毒，就要知道它们从哪里来，寻根溯源，找到它们的入口，从根源上保证个人计算机的安全。

第一节　计算机病毒概述

一、计算机病毒的定义

像生物病毒一样，计算机病毒同样也有其独特的复制能力。之所以也称为病毒，就是因为它和生物医学上的病毒同样具有传染性和破坏性。

与生物病毒不同的是，计算机病毒不是与生俱来的，而是一些图谋不轨的人利用计算机软件或硬件固有的脆弱性，编制出来的具有特殊功能的程序。从广义的角度来讲，凡是能够引起计算机故障、破坏计算机数据的程序，统称为计算机病毒。计算机病毒其实是一个程序或一段可执行代码，蔓延起来会非常迅速，但往往很难彻底根除。

二、计算机病毒的特征

计算机病毒的制造者可能出于恶作剧的心态，可能只是简单地炫耀自己的编程技能，也可能是基于某种形式的报复，或者基于一定的军事、政治、商业目的。不管其制作者基于何种目的，计算机病毒都有它自己的特征。

（一）感染性

计算机病毒具有再生机制，即设计者一般通过某种方式让其具有自我复制的能力，让病毒将其自身的复制品或变种自动感染其他程序体。这也是对计算机病毒进行检测和判断的重要依据。

感染性是计算机病毒最重要的特征，病毒程序正是依靠感染性将病毒广泛传播，从早期的软盘感染到现在的网络传播，计算机病毒的复制能力和速度变得突飞猛进。一旦病毒入侵计算机系统，病毒程序就会自动搜索可被传染的程序或磁介质，搜索到之后就会立刻进行自我复制，并迅速传播。随着计算机网络的迅速发展，病毒可以在极短的时间内，通过网络进行传播和扩散，完成诸如强行修改计算机程序和数据等任务。

（二）欺骗性

由于计算机病毒具有正常程序的一切特性，所以当用户在调用执行一个程序时，往往会把系统控制权交给这个程序，同时还会将相应的系统资源分配给它。这个时候病毒就会隐藏在一些合法的程序或数据当中，伺机窃取系统的控制权，抢在正常程序之前运行，但这时用户依然认为运行的是正常程序，在毫无察觉的情况下，病毒程序开始执行，等到用户反应过来的时候，病毒已经实现了其功能，造成了危害。为给自己的传染和破坏行为争取更多的时间，病毒程序往往会采用集中欺骗技术，具体如下。

（1）脱皮技术

病毒会每时每刻对用户的操作进行监视，一旦用户打算查看宿主程序，它便会立刻将被移走的原宿主程序代码显示在屏幕上，这时候用户看到的就是完全正确的宿主程序，进而达到有效隐藏自己的目的。

（2）"改头换面"技术

用户为了检测哪些文件已经被感染，通常会使用DIR命令来查看文件目录。当然，一切操作同样也都在病毒的监控当中，所以当文件目录被打开时，一些病毒代码就会自动从文件长度中减掉，从而使被感染文件的日期、时间、长度等相关参数都呈现出未被感染之前的状态，用户便无法从屏幕显示上看到文件被感染的痕迹。

（3）"自杀"技术

有些病毒在编制的过程中，往往还会设有一个特殊的计数器，这种计数器的作用就是对病毒感染程序的次数进行记录。如果达到了预定值，病毒在宿主程序中的代码就会被自动删除，进而使病毒"销声匿迹"。这种"自杀"的方式使病毒得到了很好的掩护。

（4）密码技术

一些病毒在编制时会设置密码技术，即将有可能使病毒被检测出的敏感信息变成密码。当用户检测病毒时，这些敏感信息就会被隐藏，使病毒无法被检测到，从而实现长期潜伏的目的。

正是因为计算机病毒的欺骗性，掌握一些基本的识别技巧对防范计算机病毒是有利的，识别计算机是否中毒的方法主要有技术识别和综合判断两种。

（1）技术识别

技术识别主要通过查看正在运行的进程来判断，一般出现陌生的进程时，中毒的可能性较高。技术识别需要对计算机常用进程十分了解，一般非计算机专业用户很难做到。一种技术识别的方法是直接判断文件，一般病毒感染文件时，总是将病毒插在宿主程序头部、尾部或其中间。这样使宿主程序代码产生了一些改动，从整体上来看，改动前后存在明确的界限。

由于病毒程序代码短，文件字节数增加并不大，而且计算机操作人员很少去记录每个文件字节数大小，因此很难被发现。同时有的病毒将自身存储在磁盘上标为坏簇的扇区中以及一些空闲概率较大的扇区中，识别更加困难，一般技术识别仅适用于杀毒软件判断是否出现病毒，个人判断很难。

（2）综合判断

综合判断主要是结合一些现象判断计算机是否感染病毒，如磁盘可用空间迅速减少，坏簇增加。由于系统被大量病毒及其复制品侵占，导致磁盘空间迅速减少。磁盘坏簇之所以会莫名其妙的增多，主要是因为病毒程序通常会利用坏簇，将自身的程序或操作系统隐藏起来。磁盘重要区域被破坏，从而使系统盘不能使用或使数据文件和程序文件丢失。

病毒发作时，往往会伴随以下几种现象。

①程序正常运行时经常出现内存不足。

②文件建立的日期和时间被修改。

③系统在正常运行时无缘无故地出现一些故障，如系统崩溃、死机、重启等。

④文件无法正常存盘。

⑤屏幕上出现特殊的异常显示。

⑥机器出现蜂鸣声。

⑦打印机速度减慢或是打印机失控等。

如果发生了以上状况，在排除系统运行故障、操作失当之后，一般都可判断为病毒入侵引起。

（三）危害性

大多计算机病毒在发作时都具有不同的破坏性，有的干扰计算机系统的正常工作，有的严重消耗系统资源（如不断地复制自身、消耗内存和硬盘资源等），严重的则直接修改和删除磁盘数据或文件内容，破坏操作系统正常运行甚至直接损坏计算机硬件等。

病毒程序的表现性或危害性体现了病毒设计者的真正意图。无论何种病毒程序，一旦侵入系统都会对操作系统的运行造成不同程度的危害，这也是病毒制造者的目的。

（四）不可预见性

不同种类的病毒，其代码千差万别，但有些操作是共有的。因此，有的人利用了病毒的共性，制作了检测病毒的软件。但是由于病毒的更新极快，这些软件也只能在一定程度上保护系统不被已经发现的病毒感染，新的病毒以何种形式传播并危害计算机是无法预见的。从这一层面上来说，病毒对反病毒软件永远是超前的。这种超前性并不代表反病毒人员应当被动地接受应对病毒，反而更加激励反病毒人员不能掉以轻心。

计算机网络将被越来越多地应用于生活的各个角落，病毒将无所不能，延续其巨大的危害性，相应的计算机网络安全问题将在日常生活中占据举足轻重的地位。反病毒技术研究是一件颇具挑战性的事情，但同时又是一项意义重大的研究，它将致力于消除计算机病毒，维护网络安全。

（五）隐蔽性

计算机病毒的隐蔽性主要表现在以下两个方面。

①结果的隐蔽性。大多数病毒不仅传染的速度快，传染后也没有明显的结果显示，一般不易被人发现。

②病毒程序本身就存在一定的隐蔽性，大多数病毒程序都会寄生在正常程序当中，平时很难被发现，可一旦发现，计算机系统就已经遭到了不同程度的破坏。

（六）寄生性

所谓计算机病毒的寄生性，指的就是病毒程序往往会嵌入宿主程序当中，病毒之所以能够生存，完全依赖于宿主程序的执行。一旦宿主程序被病毒入侵，其就会在一定程度上被病毒程序修改，宿主程序一旦被执行，就会立刻激活病毒程序，病毒程序就会进行自我复制。

第二节 计算机病毒的分类

一、按病毒传染媒介分类

①网络病毒。所谓网络病毒,主要是指病毒通过计算机网络传播,进而对网络中的可执行文件进行传染。

②文件病毒。文件病毒主要是对计算机中的文件进行感染,如 COM、EXE、DOC 等文件。

③引导型病毒。引导型病毒主要对启动扇区(Boot)以及硬盘的系统引导扇区(MBR)进行感染。

④混合型病毒。混合型病毒指的就是以上三种病毒的混合。如多型病毒,它的感染目标就是文件和引导扇区。这种病毒往往会采用非常规的方式入侵系统,同时还具有相当复杂的加密和变形算法。

二、按病毒传染方法分类

①引导扇区传染病毒。这种病毒往往会将正常的引导记录隐藏起来,并用病毒的全部或部分代码加以取代。

②执行文件传染病毒。这类病毒通常会寄生在可执行程序中,一旦程序被执行,这类病毒就会被激活,从而进行预定活动。

③网络传染病毒。目前病毒的主流特点就是网络传染,网络传染病毒往往会利用互联网进行传播。比较常见的就是蠕虫病毒,它就是通过主机的漏洞,才得以在互联网上迅速传播的。

三、按病毒破坏能力分类

(一)良性病毒

良性病毒大多是由一些初级病毒发烧友开发出来的,其目的只是测试一下自己开发病毒程序的水平,而并不想破坏用户的系统。常见的良性病毒主要是发出一些声音、出现一些提示等,它的侵入除了占用一定磁盘空间和 CPU 处理时间以外,不会对系统造成其他破坏。

(二)恶性病毒

这类病毒侵入计算机系统的目的主要是以下几方面。

①对软件系统造成一定的干扰。
②对系统信息进行修改。
③窃取系统内的某些信息。

恶性病毒入侵之后，除了系统无法正常使用外，并不会造成系统数据丢失、硬盘损坏等比较严重的损失和后果，但是系统被损坏以后往往需要进行格式化处理，重新安装系统，可以说，这类病毒的危害还是相对比较大的。

（三）极恶性病毒

相比于恶性病毒，极恶性病毒的危害性更大，一旦染上这种病毒，计算机系统就会彻底崩溃，硬盘中的数据也很有可能被损坏。

（四）灾难性病毒

这类病毒的主要攻击对象是磁盘的引导扇区文件，修改文件分配表和硬盘分区表，一旦感染这类病毒，就会使得系统无法启动，严重的还可能会出现格式化或者用户硬盘被锁死等现象。这也就意味着用户的系统几乎已经无法恢复，保留在硬盘中的数据也就彻底丢失。可以说，这类病毒给用户带来的损失是非常巨大的。由此可见，对于企业用户来说，提前做好充分的灾难性备份是非常有必要的。

四、按病毒算法分类

（一）伴随型病毒

这类病毒往往会根据算法产生一些 EXE 文件的伴随体，不会对文件本身进行任何的改变，所以它们的名字通常都是相同的，只是会在拓展名（.COM）上有所区别。

（二）蠕虫型病毒

这类病毒的传播途径主要是计算机网络，此病毒不会对文件以及资料的信息进行改变，而是利用网络，从一台机器的内存传播到其他机器的内存，并计算网络地址，利用网络将自身的病毒发送出去。蠕虫型病毒在系统中往往只是占用内存，而不会占用其他资源。

（三）寄生型病毒

这类病毒主要是依附在计算机系统的引导扇区或文件中，利用系统的某些功能进行传播。

（四）练习型病毒

这类病毒通常都是一些正处于调试阶段的病毒，其自身就包含一些错误，传播效果自然也不是很好。

（五）诡秘型病毒

这类病毒往往是利用 DOS 空闲的数据区进行工作，通过设备技术和文件缓冲区等对 DOS 内部进行修改，而不是直接修改 DOS 中断和扇区数据。所使用的技术比较高级，不易看到资源。

（六）幽灵型病毒

这类病毒主要由两部分组成：①一段混有无关指令的解码算法；②经过变化的病毒体。它所用到的算法通常会比较复杂，每传播一次，内容和长度都会发生变化。

五、按病毒的攻击目标分类

① DOS 病毒。这是一种专门针对 DOS 操作系统开发的病毒。
② Windows 病毒。其主要指针对 Windows 9x 操作系统的病毒。
③其他系统病毒。这类病毒的攻击目标主要包括以下几种：第一，Linux 操作系统；第二，UNIX 操作系统；第三，OS2 操作系统；第四，嵌入式系统。由于这些系统本身比较复杂，所以这类病毒的数量并不是很多。

六、按病毒链接方式分类

（一）源码型病毒

这类病毒的攻击对象主要是一些使用高级语言编写出来的程序，即在这类程序编译之前插入源程序中，进而成为合法程序的一部分。

（二）嵌入型病毒

嵌入型病毒将其自身嵌入现有的程序当中，进而以插入的方式将计算机病毒的主题程序和其攻击的对象进行链接。

要想编写这种计算机病毒往往是非常困难的，同样的，一旦这种病毒侵入程序体中也很难被消除。

(三) 外壳型病毒

外壳型病毒的特点主要是将自身包围在主程序四周,并不会修改原有程序。由于这种病毒比较容易编写,所以与其他病毒比起来最为常见。同时,这种病毒也比较易于被发现,通常情况下,若想检测此类病毒的存在,只需对文件的大小进行测试即可。

(四) 操作系统型病毒

这种病毒的工作原理就是将自身程序加入某些操作系统中,有时甚至会直接取代操作系统。可以说,操作系统型病毒的破坏力是非常强的,严重时还可能使整个系统瘫痪。其中,最具代表性的操作系统型病毒就是圆点病毒和大麻病毒。

第三节 计算机病毒结构及传播途径

一、计算机病毒结构

(一) 引导部分

引导部分是指病毒的初始化部分,它的作用是将病毒主体加载到内存,为传染部分做准备。另外,引导部分还可以根据特定的计算机系统,将分别存放的病毒程序链接在一起重新装配,以形成新的病毒程序,破坏计算机系统。

(二) 传染部分

这部分是将病毒代码复制到传染目标上去。一般复制速度比较快,不会引起用户的注意。一般病毒在对目标进行传染前要判断传染条件。不同类型的病毒不管是在传染方式还是在传染条件上都存在着一定差异。

(三) 表现部分

这一部分作为病毒的核心,是病毒间差异最大的一部分。引导部分和传染部分都服务于表现部分。它主要是对被传染系统进行破坏,或者在被传染系统的设备上表现出特定的现象。

大多数病毒的表现部分都是需要在特定条件下才能触发的。例如,将时钟、计数器作为触发条件等。这一部分为最灵活的一部分,它完全根据编制者的不同目的而千差万别,或者根本没有此部分。

二、计算机病毒传播的主要途径

病毒传播与文件传输介质的变化有着直接关系。一般说来，计算机病毒的传播有如下几种主要途径。

（一）软盘

在计算机发展早期，最常用到的一种交换介质就是软盘，可以说，在当时的计算机应用中，软盘对于病毒的传播提供了重要的途径。

由于当时的计算机应用都比较简单，可执行文件和数据文件都不是很大，在复制和安装执行文件时，往往都会用到软盘，这也是文件型病毒传播的主要途径。但是目前对软盘的使用已经很少见了，所以这一类的传播途径也几乎不再存在。

（二）光盘

现在常见的光盘有 VCD 和 DVD 两种格式，光盘的一大优点就是容量比较大，能够存储大量可执行文件，这也就使得大量病毒藏身在光盘之中。

对于不能进行写这一操作的只读式光盘来说，隐藏在其中的病毒是无法清除的。对于那些制作非法、盗版软件的制造商来说，他们的目的主要是获得利益，所以不可能会对病毒防护付应负的责任，更别提使用真正可靠的技术来为避免病毒的侵入、传染、流行和扩散提供保障。

（三）可移动磁盘

可移动磁盘主要是 U 盘和可移动硬盘，由于 U 盘的便携性以及存储容量的极大提高，现实中人们对 U 盘的使用频率都非常高，计算机用户常常使用 U 盘相互复制交换文件。一些感染病毒的计算机文件就以可移动磁盘为传输介质实现了大范围的传播。

（四）有线网络

伴随着互联网的普及，大量国外病毒传到了国内。由于网络的快速发展，大量以网络为主要媒介的各种服务得到了快速的发展和普及。与此同时，也为新病毒提供了更多传播方式。

1. 电子布告栏

由于大部分电子布告栏（BBS）网站都没有设置严格的安全管理系统，更没有任何的限制，这就为病毒程序编写者创造了传播病毒的机会和场所。

2. 电子邮件

计算机病毒通常都是以附件的方式进行传播的，由于人们所发送文件的类型不受任何限制，再加上大部分计算机病毒防护软件在这一方面的功能还不是很完善，这也就使得电子邮件成为传播计算机病毒的主要媒介之一。

3. 即时通信服务

这一类服务主要包括 QQ、ICQ、MSN 等，现在其已经成为网络生活中必不可少的内容，人们对 QQ 这样的即时通信服务依赖性越来越大。像电子邮件一样，由于即时通信服务同样可以自由地传播文件，从而也成为计算机病毒传播的主要途径之一。

4. Web 服务

Web 网站在传播有益信息的同时，也成为传播不良信息的重要途径。Script 和 ActiveX 技术被广泛用来编制病毒和恶意攻击程序，这些病毒和恶意攻击程序主要通过 Web 网站传播，不法分子或好事之徒制作的匿名个人网页直接提供了下载大批病毒活样本的便利途径。而且，散见于网站上的大批的病毒制作工具、向导、程序等，使得无编程经验者制造新病毒成为可能。新技术、新病毒使得几乎所有人在自己毫不知情的情况下成为病毒扩散的传播者。

5. FTP 服务

通过这个服务，很大程度上方便了用户的学习和交流，使互联网上的资源得到了最大程度的共享，但同时也使互联网上的病毒传播更容易、更广泛。

第四节　计算机病毒的防范措施

一、网络病毒的预防

（一）选择可靠的系统源

说到计算机系统安装，大家都会想到装机盘。早期的装机盘主要用来批量部署，如各个计算机厂商品牌机的预装系统都采用装机盘来批量安装，这可以说是最早的装机盘鼻祖。

随着技术的发展，该产品不再是一张简单的原版安装光盘的盗版盘，而是集安装、驱动、必备软件、一键还原等功能于一身的傻瓜式安装盘，能帮助用户轻松快捷舒心地装机，其省时、省事、省心的特点大受用户青睐。一旦用户计算机出现问题需要重装，映入眼帘的十有八九就是装机盘。

然而，天下没有免费的午餐，纵观国内所有的装机盘开发商，未必真心为用户无私奉献。与装机盘共同溜入用户计算机的，是默认浏览器、默认网址首页、默认搜索引擎、默认输入法、默认影音播放器、默认杀毒软件……甚至是默认"肉鸡"（"肉鸡"也称傀儡机，是指可以被黑客远程控制的机器）后门。各软件开发商和搜索引擎公司争着抢着去和这些光盘开发商谈判，为的就是将自家提供的系统装入用户计算机，由此赚取更多的经济利益。采用这样的装机盘安装的系统，存在的风险与漏洞不言而喻。例如，计算机感染了木马病毒或者系统存在漏洞，黑客可以随意操纵该系统并利用它做任何事情，计算机中的任何资料信息在黑客眼中一览无余。

因此，要想从根本上保证 Windows 的安全，就要采用原版安装光盘进行系统安装，即微软官方的零售版本，或联想、惠普等品牌计算机厂商的 OEM 原版。无论是 Windows XP、Windows Vista、还是 Windows 7、Windows 8、Windows 10，不要相信网络上的任何系统版本，更不要用任何形式的 Ghost 版系统。

（二）系统补丁及时打

为了尽可能在第一时间保障系统安全，对于个人计算机来说，最好把 Windows Update 选项设为"自动安装"，当系统检测到官网有最新的补丁时会提示下载和升级。

（三）无用端口早关闭

1. 关闭不用的共享设置

有时候为了方便文件传输，我们会在网络中将某个文件或某个盘符设为"共享"，却不知这已埋下了安全隐患。如果把互联网比作公路网，将计算机比作路边的房屋，则端口就是房屋的门。

如果计算机设置了共享目录，则 139 端口处于开启状态，哪怕密码再复杂，黑客依然可以通过该端口迅速入侵计算机。因此，在没有必要时，最好不要通过设置共享的方式来传输文件。

2. 借助安全软件关闭危险端口

对于个人计算机而言，许多端口都是默认打开的，如 TCP 的 135、139、445、593、1025 端口等，黑客可以通过端口进入用户计算机达到入侵的目的。这个时候，可以借助一些安全软件对系统进行扫描，扫描结果会提示用户关闭一些不必要的端口。

（四）不要访问存在风险的网站

1. 自律意识要提高

提高自律意识，不要浏览包含色情、暴力、恐怖、赌博等不健康内容的网站。不仅从道德层面来说，这样做不对，而且经常浏览此类网站，会导致身心健康受到危害。因此，任何时候不要产生浏览不健康网站的念头，从根本上切断危险的来源。

2. 网址观察要有诀窍

网址的主要因素是其主机地址，一般采用的是"功能.组织名.行业.国家"的格式。判断一个网址是否安全，主要看网址的主机地址中"组织名"部分是否安全。

例如，"www.sohu.1234.com"这个主机地址，其"组织名"是"sohu.1234"这表示的是1234公司的sohu分支，并非搜狐公司的sohu网址，如果是属于搜狐公司，则必然以"sohu.com"结尾。

又如，"detail.ju.taobao1.com"这个主机地址应该属于"taobao1"公司，而不是"taobao"公司。

诸如此类的网址，就可能会使一些粗心的用户上当受骗。如果一些网站，其主机地址的格式很奇怪，那么就要认真考虑是否能够访问了。

（五）把好软件这一关

1. 下载首先找官网

一般来说，官方网站提供的软件都经过检测，不会有什么大的问题。如各类品牌计算机都有各自的官方网站，在网站内都能下载到常用的驱动程序和应用软件，并且相应的驱动程序也和计算机有着更好的兼容性。

因此，当需要某款软件时，最好到其官网下载，实在下载不到就去知名的、较大的下载站，这样下载到的软件安全性相对高一些。

2. 搜索结果要明辨

有时候，在官网中不一定能找到我们需要的软件，这时候就需要在网络上搜索。但是，面对鱼龙混杂的搜索结果，我们也需要明辨。准确寻找真正软件下载链接的常用方法主要有以下两种。

（1）观察鼠标样式

若要分辨下载按钮的真伪，我们可以将鼠标移至各下载按钮之上或中间的空白处，如果鼠标的形状无任何变化，则说明这片区域其实是一整张图片，这是一个图片链接而不是我们需要的软件安装程序的链接。

（2）观察右击快捷菜单内容

在任意区域右击，如果在弹出的快捷菜单中会出现"图片另存为""复制图片""打印图片"等菜单项，则说明看上去像是按钮的链接，其实是一张图片。

遇到这样的情况，基本可以确定该链接背后并非我们需要的软件，而是一些带有其他目的的内容。对于真正的下载链接，右击不会出现与图片相关的提示，而是"链接（目标）另存为"或"复制链接地址"等菜单项。因此，对于网页搜索结果，一定要慎重，确认安全后，再进行下一步操作。

3. 下载后要仔细观察

软件下载后，应主要观察以下两方面。

①看它的文件名是否与自己需要的软件一致。

②观察下载后的软件图标，一般来说安装程序图标都有相对固定的样式，如果观察到明显异常，则也要加以甄别。

4. 运行之前先杀毒

哪怕是经过了上述的判断，看似符合我们的要求，也不能轻易运行之，不管是从哪里下载下来的软件，运行之前一定要用杀毒软件进行检测。

5. 安装时不要只顾单击"下一步"

很多软件在安装过程中都会捆绑一些其他不相关的软件，对于一些安装过程中只顾单击"下一步"的用户，可能会忽略这些第三方软件的安装提示，给系统造成一定的威胁。

如 QQ 安装就会提示用户是否安装 IE 地址栏插件和设置首页等。但有一些软件如某些播放器，捆绑了十多种插件，并且安装时没有任何提示，这就需要引起用户的注意，尽量不用未知软件。因此，用户必须牢记以下两点：①要看清楚捆绑了什么；②要看有没有提示。

所以用户在安装软件过程中要看清楚每步的选项和提示，可以根据自己的需要进行勾选。

6. 不要使用任何破解软件和激活工具

一些破解软件和激活工具更容易被用于入侵用户的计算机，这是因为，许多破解软件和激活工具都会提示与系统已有的安全软件冲突，建议用户安装或使用前先关闭安全软件,这也是为什么许多安全软件都会把破解类、外挂类的程序当成恶意软件来进行查杀。所以,一旦安全软件被关闭,也就给了恶意软件可乘之机。

(六)不要轻易打开邮件附件

1. 不轻易运行邮件附件

对于陌生人发来的可疑电子邮件最好不要打开,更不要运行其中的附件。哪怕是比较熟悉的朋友发送来的信件,如果其邮件中夹带了附件,也不要轻易运行。因为有些病毒是偷偷地附着上去的,可能他的计算机已经被感染病毒,但朋友自己却并不知道。

如果莫名收到的附件是可执行文件的邮件,如名为"Happy 99.exe"的附件,不要运行它,直接将其删除就可以了。另外,有些病毒会潜伏在 Word 文件中,因此对 Word 文件形式的附件,也要加以防范。

2. 不随意转发邮件

①给别人发送程序文件甚至电子贺卡时,一定要确认没有问题后再发,以免成为病毒的传播者。

②收到某些自认为有趣的邮件时,切忌盲目转发,这些邮件里极有可能含有病毒。

(七)谨慎使用 U 盘

1. 使用前先杀毒

U 盘插入计算机后,不要急于打开使用,应运行杀毒软件,对其进行全面查杀,确保安全后再使用。

2. 不要双击打开 U 盘

很多病毒感染系统后,会改写某些系统权限,在磁盘根目录下生成一个 autorun.inf 文件,该文件会使用户在双击磁盘时自动运行某个指定的文件,如木马,达到侵入计算机系统的目的。

因此,对于本地磁盘、移动硬盘、U 盘、各种数码存储卡,要习惯采用右键单击磁盘的方式打开,最好不要使用双击左键的方式来打开。

3. 关闭系统自动播放功能

一些病毒通过向 U 盘写入相关程序,使得打开了自动播放功能的计算机在插入 U 盘后就直接运行其中的病毒程序,从而受到感染。系统的自动播放功能会增大感染病毒的风险,如"熊猫烧香"等很多病毒,就是通过插入U盘时系统启动自动播放功能而入侵系统的。

可以通过以下方式关闭(以Windows 7系统为例)。

①打开组策略编辑器(在"开始""运行"中输入"gpedit.msc"即可打开)。

②在左窗格的"本地计算机策略"下,展开"计算机配置→管理模板→所有设置"。

③在右窗格的"设置"标题下,找到"关闭自动播放"。

④双击"关闭自动播放",进入设置界面,在下拉列表框中选择所有驱动器。

⑤选取"已启用""确定"后关闭,该策略就生效了。

4. 重要的文件专机专用

重要的文件及资料,最好在专门的计算机上操作使用,不频繁拷进拷出,或者拷入U盘随处使用。

①使用U盘前要对其进行病毒查杀,如果不能确定其安全性,且目标计算机有重要资料,则宁可不使用该U盘。

②打开U盘后,如果发现里面有可疑文件,甚至一些具有诱惑性标题的文件,一定不要打开,先进行杀毒,必要时直接将这些文件删除。

③使用公用计算机下载了一些资料,需要带走的话,尽量不要使用U盘复制,可以直接将资料上传至网络云盘,或发送至自己的邮箱,随后在安全的环境下打开。如果这些资料很重要,则应在离开前将其彻底删除。

④如果U盘病毒无法清除,备份里面的重要资料,并彻底对U盘进行格式化处理。

二、其他不同种类病毒的预防

通常的杀毒软件都是被动式杀毒,普通杀毒软件有以下两大缺点。

①以前没出现过的病毒刚出来时,杀毒软件杀不了,因为它里边没有这个病毒的特征码。

②随着时间的增长,杀毒软件的病毒库越来越大,检测文件时所比对的特征码越来越多,就越费时间,越占用系统资源。

因此,为了有效地防范计算机病毒,除了使用杀毒软件进行杀毒外,进行计算机病毒的预防,从源头上防止计算机病毒入侵计算机,是病毒防范体系中极其重要的一个环节。

（一）引导型病毒的预防

大多数引导型病毒仅占 512 字节（也有数千字节），该病毒的主要特点是正常引导程序的绝对地址被病毒程序占据和覆盖，并对 INT 13H 读写磁盘的中断向量进行修改，指向病毒入口地址。

由此可见，计算机从开始启动，便一直在病毒的控制之下，同时，病毒程序为了可以更好地适应各种环境，在大部分情况下往往会转化为正常引导程序执行。

经过对硬盘的主引导程序和活动分区引导程序进行全面分析发现，以下方式可以有效消除病毒覆盖程序。

①适当增加两个引导程序的部分程序代码。

②对部分提示信息的地址指针进行修改。

③在未使用过的硬盘扇区建立这两个引导程序的副本。

经过这一系列操作之后，那么在系统启动时，一旦发现系统引导区被改写，就必须立刻将副本写回到引导区，只有这样，才能真正有效将病毒程序覆盖消除掉。

（二）文件型病毒的预防

1. 及时备份

这种方法不仅可以有效预防文件型病毒，对于其他类型病毒的预防也有很大的帮助。

当发生病毒感染时，不管是在任何时候，只要利用备份进行覆盖，就可以起到清除病毒的作用，这就要求我们在使用计算机时自觉养成备份的良好习惯。

从根本上来说，备份的基本原理就是文件的位移，备份的过程也就是一个文件移动的过程。把尚未感染病毒的文件放到一个较为安全的地方保存，这样在原文件受到损坏后，就可以使用备份文件对受损文件进行覆盖。

2. 利用杀毒软件

现有杀毒软件的反病毒技术已经相对比较成熟，对于当前系统中出现的一切状况，都可以通过病毒防火墙来进行检查，再结合病毒行为检测技术，就可以轻松、准确地判断出当前内存中正在执行的程序是否是病毒程序，甚至是否具有病毒特征也能被检测出来，一旦发现任何可疑情况，该程序正在执行的一切操作将会被立刻终止。与此同时，存在的一些可疑代码也会被消灭掉，并给出相应的提示，这样就可以起到有效预防文件型病毒的作用。当然，这种预防措施对其他病毒也有很大效果。

3. 简单免疫

对于一些专业知识比较强、时间功底较扎实的人可采用以下两种免疫的方式预防文件型病毒。

（1）标注感染标记

一般情况下，文件型病毒在感染完宿主程序之后，为了防止重复感染，往往都会在该宿主程序内很少的一段代码上打上标记，这段被标记的代码完全没有病毒代码的作用。

如果将相同的代码加到正常程序内部的相同地方，那么就可以达到欺骗病毒的目的，进而起到免疫的作用。但由于病毒的种类比较多，所以这种方式往往存在一定的局限性。

（2）外加反病毒壳

这种方法主要是给可执行文件夹一个反病毒的外壳，但它对一些加密和变形的病毒起不到预防的作用。并且，由于外壳处于病毒和正常程序之间，这就导致外壳执行始终是在病毒执行之后，使得一些外壳可能会被病毒破坏，由此可见，这种方法的局限性也是非常大的。

（三）宏病毒的预防

宏病毒的防治办法主要有以下几种。

1. 用最新版的反病毒软件清除宏病毒

这种方法可以说是预防宏病毒的首选方法，这种清除方法具有以下优点：第一，高效；第二，安全；第三，方便。但这种病毒并不是某些人认为的那种"广谱"查杀软件，以 ETHAN 宏病毒为例。

ETHAN 宏病毒可以说是相当隐蔽的，甚至一些版本比较新的、比较常用的反病毒软件都无法检测到它的存在。此外，ETHAN 宏病毒还能将 Word 中的宏病毒防护选项悄悄取消掉，有时还会将被感染的文档设为只读，以便可以更好地保护自己。

由此可见，对付宏病毒应该和对付其他种类的病毒一样，也要尽量使用最新版本的病毒查杀软件。无论目前正在使用的是哪种反病毒软件，及时升级是非常重要的。

2. 保护 Word 模板文件

将常用的模板文件改为只读属性，可防止 Word 系统被感染，DOS 的

autoexec.bat 和 config.sys 文件最好也都设为只读属性文件。

3. 屏蔽自动执行宏

宏病毒的激活、传染以及破坏等行为都是通过自动执行宏的方式来完成的，所以，我们必须想办法将自动执行宏屏蔽掉，进而才能有效避免 Word 执行自动执行宏。

即使在文档和 Word 系统中存在有宏病毒，由于缺少自动执行宏，其无法被激活、传染和破坏，从而起到了防毒的效果。这种方法不仅安全，而且简单易行，具体操作如下。

① 在 normal.dot 中编写名为"AutoExec"的自动执行宏，内容为：DisableAutoMacros。

② 也可以使用以下命令行来使所有的自动宏无效（包括"AutoExec"）：winword.exe/mDisableAutoMacros。

由于一些病毒可能藏身于"AutoExec"宏中，在打开 Word 时就会被激活，所以最好采用第二种方法。

通过采取技术上和管理上的措施，计算机病毒是完全可以防范的。虽然难免有新出现的病毒，采用更隐秘的手段、利用现有计算机操作系统安全防护机制的漏洞，以及反病毒防御技术上尚存在的缺陷，能够一时得以在某一台计算机上存活并进行某种破坏，但是我们只要在思想上有反病毒的警惕性，依靠使用反病毒技术和管理措施，新病毒就无法逾越计算机安全保护屏障，从而不能广泛传播。这类病毒一旦被捕捉到，反病毒防御系统就可以立即改进性能，以提供对计算机的进一步保护功能。

第五章　计算机网络操作系统安全

操作系统是以提高计算机工作效率，方便用户使用计算机资源为目标，为实现计算机系统的硬件、软件资源有效控制和管理，合理组织计算机工作流程而配置的一种系统软件，也是计算机系统中的基础软件，它的安全性对于整个系统的安全起着至关重要的作用。保证计算机网络操作系统的安全不仅可以为计算机用户提供安全保障，避免用户数据的泄露，还可以净化程序的运行环境，使各项应用程序能够正常运行。

第一节　操作系统安全概述

一、基本概念介绍

（一）安全功能与安全保证

操作系统的安全功能主要说明操作系统所实现的安全策略和安全机制符合评价准则中哪一级的功能要求。安全保证则是通过一定的方法保证操作系统所提供的安全功能确实达到了确定的功能要求，它可以从系统的设计和实现、自身安全、安全管理等方面进行描述，也可以借助配置管理发行与使用、开发和指南文档、生命周期支持、测试和脆弱性评估等方面所采取的措施来确定产品的安全确信度。因此，一个安全操作系统，无论其安全等级达到评价准则所规定的哪一级，都要从安全功能和安全保证两方面考虑其安全性。这就要求在设计一个安全操作系统时，首先要按照安全需求分析确定总体安全应达到的安全保护等级，其次进一步明确该安全保护等级所规定的安全功能和安全保证的要求。

对于面向威胁的、不把追求评价准则的安全等级作为开发目标的操作系统，其安全功能重点在于说明该系统为抵御威胁所应实现的安全策略和安全机制的功能要求；安全保证同样要通过一定的方法保证操作系统所提供的安全功能确实达到了确定的功能要求。因此面向威胁的安全系统设计也应该从安全功能和安全保证两方面进行考虑。

（二）可信软件和不可信软件

一般来说，软件可以分为三大类别：可信的、良性的以及恶意的。

①可信的软件：软件确保能安全运行，但是系统的安全仍依赖于对软件的无错操作。

②良性的软件：软件并不确保安全运行，但由于使用了特权或对敏感信息的访问权，因而必须确信它不会有意违反规则。良性软件的错误被视为偶然性的，而且这类错误不会影响系统的安全。

③恶意的软件：软件来源不明，从安全的角度出发该软件必须被视为恶意的，即认为将对系统进行破坏。

安全操作系统内的可信软件通常是指首先由可信人员根据严格的标准开发出来，其实通过先进的软件工程技术证明了的软件。可信软件只是与安全相关的，并且位于安全周界内的那部分，这部分软件的故障会对系统安全造成不利影响。良性的软件与安全无关，且位于安全周界之外，这些软件对维持系统的运行也许是必需的，但不会破坏系统的安全。安全周界是指划分操作系统时，与维护系统安全有关的元素和无关的元素之间的一个想象的边界。

（三）主体与客体

在一个操作系统中，每一个实体组件或是主体或是客体，或者既是主体又是客体。

主体是一个主动的实体，包括用户、用户组、进程等。系统中最基本的主体应该是用户（包括一般用户和系统管理员、系统安全员、系统审计员等特殊用户）。每个进入系统的用户必须是唯一标识的，并经过鉴别确定为真实的。系统中的所有事件请求，几乎全是由用户激发的。进程是系统中最活跃的实体，用户的所有事件请求都要通过进程的运行来处理。在这里，进程作为用户的客体，同时又是其访问对象的主体。操作系统进程一般分为用户进程和系统进程。用户进程通常运行应用程序，实现用户所要求的运算处理；系统进程则是操作系统完成对用户所请求的事件进行处理的必不可少的组成部分。

客体是一个被动的实体。在操作系统中，客体可以是按照一定格式存储在一定记录介质上的数据信息（通常以文件系统格式存储数据），也可以是操作系统中的进程。操作系统中的进程一般有着双重身份。当一个进程运行时，它必定为某一用户服务，即直接或间接地处理该用户的事件请求，于是该进程成为该用户的客体。

（四）安全策略

安全策略是指有关管理、保护和发布敏感信息的法律、规定和实施细则。例如，可以将安全策略定义为：系统中的用户和信息被划分为不同的层次，一些级别比另一些级别高；当且仅当主体的级别高于或等于客体的级别，主体才能访问客体。

（五）安全内核

安全内核是指系统中与安全性实现有关的部分，包括引用验证机制、访问控制机制、授权机制和授权管理机制等部分。因此一般情况下，人们趋向于把参照监视器的概念和安全内核方法等同起来。

安全内核方法是一种最常用的建立安全操作系统的方法，可以避免通常设计中固有的安全问题。安全内核方法以指导设计和开发的一系列严格的原则为基础，能够极大地提高用户对系统安全控制的信任度。

安全内核是实现参照监视器概念的一种技术，其理论依据是，在一个大型操作系统中，只有其中的一部分软件用于安全目的。所以在重新生成操作系统过程中，可用其中安全相关的软件来构成操作系统的一个可信内核，称为安全内核。安全内核必须给予适当的保护，不能篡改。同时，绝不能有任何绕过安全内核访问控制检查的访问行为存在。此外，安全内核必须尽可能地小，以便于进行正确性验证。安全内核由硬件与介于硬件和操作系统之间的一层软件组成。安全内核的软件和硬件是可信的，处于安全周界内，但操作系统和应用程序均处于安全周界之外。

二、安全模型

安全模型是对安全策略所表达的安全需求的简单、抽象和无歧义的描述，它为安全策略和安全策略实现机制的关联提供了一种框架。安全模型描述了对某个安全策略需要用哪种机制来满足，而模型的实现描述了如何把特定的机制应用于系统中，从而实现某一特定安全策略所需的安全保护。在设计系统之前，必须对操作系统的安全需求进行分析，然后根据安全需求建立一个安全模型，以便围绕安全模型研究如何实现安全性的要求。

安全模型的特点可归纳如下。
①抽象的、本质的。
②精确的、无歧义的。

③简单的、清晰的，只描述安全策略，不要求具体实现的细节。

目前大多安全模型是以状态机模型模拟系统状态的。通常来说，状态机安全模型只能描述数量有限的、与操作系统安全相关的一些状态变量。

常见的主要安全模型有 Bell-LaPadula 模型、Biba 模型、Lark-Wilson 模型、Clark-Wilson 模型和中国墙模型。此处着重介绍 Clark-Wilson 模型和中国墙模型。

（一）Clark-Wilson 模型

Clark-Wilson 模型是 1987 年由戴维·克拉克（David Clark）和戴维·威尔逊（David Wilson）共同开发的数据完整性模型。该模型同时考虑了数据一致性和事务处理完整性的安全模型，其主要思想是利用良性事务处理机制和任务分离机制来保证数据的一致性与事务处理的完整性。良性事务处理机制指的是用户不能任意地处理数据，必须以确保数据完整性的受限的方式来对数据进行处理，即使是授权用户要修改数据，也必须满足数据一致性的要求。

Clark-Wilson 模型中，为了保证主体只能以良性事务处理的方式对客体进行访问，规定所有对客体的访问必须通过特定的程序集合来进行，同时这些程序必须保证自身的有效性。任务分离机制将任务分成多个子集，不同的子集由不同的用户来完成。若完成任务的每个子集都由不同的用户来完成，且各用户之间无串通，则便可确保任务的安全性。可见，若要实施欺骗，只要所有这些子集均由一个人来完成即可，因此，规定任务分离机制最基本的规则就是任何一个验证行为正确性的人不能同时也是被验证行为的执行人。

（二）中国墙模型

中国墙模型是由布鲁尔（Brewer）和纳什（Nash）于 1989 年提出的安全模型，也被称为 BN 模型。相对于 Bell-LaPadula 模型侧重保密性策略，Biba 模型和 Lark-Wilson 模型侧重完整性策略，中国墙模型则同时兼顾保密性和完整性。该模型主要用于解决商业中的利益冲突问题，常用于股票交易所或者投资公司的经济活动等环境中。

中国墙模型中的简单安全规则如下。

①被访问的客体属于已经被访问的利益冲突中的同一个机构。

②被访问的客体属于其他的利益冲突。

其星状特征规则如下。

①所有按照访问规则可以被访问的客体都可以被更改。

②请求进行更改操作的其他机构中任何客体都不能被访问。

三、设计原则

（一）机制经济性原则

为了获得高且可信的安全系统，设计者应该把安全机制设计得尽可能简单、明确、小型化，易于使用，使用户愿意使用并且能够被完全测试、验证并可信。操作系统的巨大规模是人们从整体上难以把握它的根本原因。由于系统规模巨大，人们永远也无法彻底排除程序错误或一些缺陷，这就意味着系统总存在着不可预测的行为，或可以被利用的缺陷，从而使系统产生一些难以预料的后果。因此，构造系统的安全结构时必须限制规模，避免因规模巨大而导致以上种种弊端。因为常常有一些设计和实现错误导致意想不到的问题发生，这些问题在常规使用中是不易察觉的，难免需要进行诸如软件逐行排查工作，简单而短小的设计是这类工作成功的关键。除此之外，在体系结构设计中考虑安全控制的隔离性和极小化还可以确保在向系统添加新的、有用的安全属性时，系统的可靠性不发生变化。

（二）最小特权原则

最小特权的基本特点是，无论在系统的什么部分，只要是执行某个操作，执行该操作的进程主体除能获得执行该操作所需的特权外，不能获得其他的特权。也就是说，让每个用户和程序使用尽可能少的权限工作。通过实施该原则，可以限制因错误软件或恶意软件造成的危害，将由入侵或者恶意攻击所造成的损失降至最低。对可移植操作系统接口（POSIX）的分析表明，要想在获得系统安全性方面达到合理的保障程度，在系统中必须严格实施最小特权原则。

（三）开放式设计原则

该原则要求保护机制必须独立设计而且具有开放性，仅依赖少数关键内容，防止所有潜在攻击。也就是说，不应该把安全机制的抗攻击能力建立在设计的保密性基础之上，而是应该在设计公开的环境中设法增强安全机制的防御能力。

（四）权限分离原则

该原则要求对实体的存取应当基于多个条件。这样，入侵者就不能对全部资源进行存取。例如，一个保险箱设有两把钥匙，由两个人掌管，仅当两个人都提供钥匙时，保险箱才能打开。特权的分离必须适度，不能走极端。高度的分离可以带来安全性的提高，但也导致效率的大幅下降，因此，安全效率往往要折中考虑。

（五）完全仲裁原则

该原则是指对每一个客体的每一次访问都必须经过检查，以确认是否已经得到授权。只有得到授权的客体才被允许访问，而没有经过仲裁允许的访问是被完全禁止的。

（六）心理可接受性原则

为了使用户习以为常、自动地正确运用安全机制，建立合理的默认规则并把用户界面设计得易于使用和友好是设计的根本。

第二节 常用的网络操作系统

一、NetWare 操作系统

（一）NetWare 简介

NetWare 操作系统是诺威尔（Novell）公司推出的网络操作系统。它是一个开放的网络服务器平台，具有扩充方便的特点。NetWare 的主要特征：其是基于模块设计思想的开放式系统结构，不同的工作平台、网络协议环境、工作站操作系统都可以享有此系统的服务。除此之外，NetWare 操作系统还可以增加自选的扩充服务，如替补备份、数据库、电子邮件以及记账等，这些服务可以取自 NetWare 本身，也可取自第三方开发者。

（二）NetWare 的组成

NetWare 操作系统以文件服务器为中心，主要由三部分组成：文件服务器内核、工作站外壳、低层通信协议。

其中，文件服务器内核实现了 NetWare 的核心协议，并提供了 NetWare 的核心服务。文件服务器内核负责对网络工作站服务请求的处理，完成以下几种网络服务与管理任务：内核进程服务、文件系统管理、安全保密管理、硬盘管理、系统容错管理、服务器与工作站的连接管理、网络监控。

（三）NetWare 的功能

NetWare 具有传统操作系统的功能，但其是以非传统的方式来完成这些功能的。多数传统的操作系统不将其内存管理功能与文件功能混在一起，而 NetWare 是这样做的。多数传统的操作系统使用文件功能完成进程间的通信，并且使用网络协议来完成进程间的通信。NetWare 除了具有传统操作系统的多数组成部分、管理内存、调度进程和运行设备驱动程序等以外，还尽可能高效地完成服务器功能。因为 NetWare 要不断为存取文件请求提供服务，所以它的主体结构特征是其文件系统。然而，事实上，NetWare 可以描述为具有调度程序和协议性的文件系统。

通信协议确定了如何在网络上通信的规则，这些规则决定了如何建立与维护通信通道及如何将信息分组并经通道传送。多数协议是以层次的方式来实现的，这就促生了"协议栈"的概念。当网络上两台计算机之间交换信息时，两者都要使用相同的协议，为了从应用程序装配数据及通过网络传输数据，发送者要遵循从顶层到底层的全部规则，接收者使用相同的规则，只是以相反的顺序解包和存取数据。

二、UNIX 操作系统

（一）UNIX 简介

UNIX 具有充分的灵活性，UNIX 操作系统是由肯·汤普逊在贝尔实验室于 1969 年开发成功的。起初，UNIX 是为科研人员设计的操作系统，其主要目标就是生成一个系统以支持科研人员不断变化的需求。为了实现这一点，汤普逊将系统设计成能够处理很多不同种类的任务的形式，所以灵活性变得比硬件效率更为重要。虽然像 UNIX 这样灵活的系统并不一定比那些更加灵活的与硬件相捆绑的系统快，但是 UNIX 操作系统能够处理用户所能遇到的各种各样的任务。

这种灵活性使 UNIX 成为用户可用的操作系统，用户不是只限于和操作系统进行有限的、固定的交互，相反，操作系统可以为用户提供一套强大的工具。从这个意义上说，UNIX 是一个面向用户的操作系统，它是一个操作环境。

（二）UNIX 标准

虽然目前有很多不同的 UNIX 版本可用，但开发商都在致力于一种通用标准。IBM、惠普、Next、苹果和升阳（Sun）分别支持不同版本的 UNIX，它们具有许多的共同特征，甚至这两种相互竞争的用户图形界面 Mot 和 Open-Look 也被集成为一种新的图形用户界面标准，叫作公用桌面环境。

（三）UNIX 组成

UNIX 通常可以分为四个主要部分：内核、Shell、文件结构和应用程序。

其中，内核是运行程序和管理磁盘、打印机等硬件设备的核心程序。Shell 则提供用户接口，它从用户那里接收命令并将命令发给内核执行，文件结构则负责组织文件在磁盘等存储设备上的存储方式，文件是按目录的方式管理，每个目录可以包含任何数目的子目录，每个子目录可包含文件。

内核、Shell 和文件结构共同构成了操作系统的基础结构，通过这三个模块，可以运行程序、管理文件以及同系统交互。另外，有一些外加的软件程序，即应用程序，也逐渐被认为是 UNIX 的标准特征，应用程序是一些特殊的程序，如编辑器、编译器和通信程序等，它们都执行标准的计算机操作。用户也可以生成他们自己的应用程序。

计算机与内核、Shell 以及应用程序之间的关系可以描述成一系列同心圆，这些同心圆说明了在用户和计算机之间的层次结构。在中间，是计算机本身，包括打印机、磁盘驱动器和其他的外围硬件设备。内核控制着硬件、程序的运行以及文件存储。Shell 与内核交互，把从用户接收的命令发送给内核。用户只需要与 Shell 通信，而不会直接与内核通信，利用 Shell，用户可以运行不同的程序，如编辑器或通信程序。一系列标准程序就是所谓的应用程序。

三、Windows 操作系统

Windows 操作系统的发展过程分为以下五个时期。

（一）Windows 1.0 和 Windows 2.0 时期

1983 年 12 月，美国微软公司推出的 Windows 1.0 是一个完全不成熟的产品，功能极弱，在当时并没有得到实际应用。

1987 年 10 月，微软公司又推出了 Windows 2.0，该软件产品采用了层叠式的窗口系统，并附加了电子表格处理软件 Microsoft Excel，不幸的是，在当时流行的计算机系统上 Windows 2.0 操作系统的管理性能和操作性能都不佳，所以广大的计算机用户并没有接受和使用它。

（二）Windows 3.0 时期

1990 年 5 月，微软公司推出了划时代的 Windows 3.0，它提供了全新的图形用户界面，使用户更方便地操作和使用计算机，尤其值得注意的是，Windows 3.0 突破了 DOS 系统的 640 KB 内存的限制，这样能在多种方式下使用扩展内存，用户的内存空间大大地增加了。Windows 3.0 具有单用户多任务的功能，用户可以让机器系统同时运行多个应用程序。

第五章　计算机网络操作系统安全

1992 年 4 月，微软公司推出了经过改良的 Windows 3.0，即 Windows 3.1，这是一个走向成熟的软件产品，Windows 3.1 中具有"True Type"字体，从而实现了"所见即所得"。Windows 3.1 还提供了网络通信功能，以及应用程序间信息共享的对象链接与嵌入和动态数据交换技术。1994 年 8 月，微软公司推出了 Windows 3.2，为国内广大的计算机用户解决了中西文兼容问题。

（三）Windows 95、Windows NT 和 Windows 98 时期

1995 年 8 月，微软公司推出 Windows 95 英文版，并于 1996 年初正式推出 Windows 95 中文版。Windows 95 是一个全新的操作系统软件，具有与过去 Windows 产品完全不同的全新用户界面，并将各种不同的系统工具有机地组织在一起，让用户使用图形界面来操作各种应用程序和对象。

1996 年，微软公司推出了 Windows NT 4.0 英文版，并于 1997 年初推出 Windows NT 4.0 中文版。该操作系统使用的任务调度管理策略是抢占式多任务模式，这样可以充分利用 CPU 资源，从事多任务操作，更有效地提高操作系统的执行效率，这些线程之间彼此分工合作，加快了多任务操作的速度。Windows NT 具有与 Windows 95 完全相同的操作界面，使用户更加易学易用。为了避免机器系统出现死机现象，Windows NT 还提供了完善的系统保护措施。

1998 年 6 月，微软公司推出了 Windows 98 英文版，作为 Windows 95 的一个重要升级版本，它提供了更强大的多媒体和网络通信功能，以及更加安全可靠的系统保护措施和控制机制，从而使 Windows 98 系统的功能日趋完善。

1998 年 8 月，美国微软公司推出了 Windows 98 中文版。从内部结构来看，Windows 98 不但将互联网的浏览功能融入操作系统中，而且在许多功能上都有重大的改进。例如，Windows 98 提供了加速应用程序的加载功能，这样不但能够监视应用程序的加载过程，对磁盘进行预先读取，而且通过整理磁盘碎片来将文件存放到连续的存储区域中，从而加快磁盘的读取速度。Windows 98 还提供对最新硬件设备的支持，如通用串行总线 USB、DVD、Fire Wire 等设备的支持，并且还提供对多显卡的支持，使计算机系统最多可以运行 9 台显示器，而且每台显示器可以具有不同的系统设置。

（四）Windows XP 和 Windows Vista 时期

2001 年 10 月，微软公司发布 Windows XP。Windows XP 是一个把消费型操作系统和商用型操作系统融合在一起的 32 位操作系统。最初发行了两个版本：家庭版和专业版。

Windows XP 家庭版针对的是家庭用户和游戏发烧友，是 Windows 2000 专

业版的更新版本，新增了个性化的桌面、数字照片功能、强大而又全面的音乐工具和视频工具、简便的家庭网络连接功能、先进的通信功能、专业的系统保护和修复功能等。

Windows XP 专业版主要针对商业用户。它在 Windows XP 家庭版的基础上增加了适应商业用户的特殊功能，如具有对文件和文件夹加密的功能，提高数据的安全性；支持远程登录和离线工作，方便异地办公支持多处理器；与 Windows 服务器和管理解决方案协同工作等。

2005 年 7 月 22 日，微软正式公布了最新版本的操作系统名称，即 Windows Vista。Windows Vista 的内部版本是 6.0（即 Windows NT 6.0）。在 2006 年 11 月 8 日，Windows Vista 开发完成并正式进入批量生产。此后的两个月仅向 MSDN 用户、计算机软硬件制造商和企业客户提供。2007 年 1 月 30 日，Windows Vista 正式对普通用户出售，同时也可以从微软的网站下载。Windows Vista 距离上一版本 Windows XP 的发布已有五年的时间，这是历史上 Windows 版本间隔时间最久的一次发布。

微软表示，Windows Vista 包含了上百种新功能，其中较特别的是新版的图形用户界面和称为"Windows Aero"的全新界面风格、加强后的搜寻功能（Windows Indexing Service）、新的多媒体创作工具（如 Windows DVD Maker），以及重新设计的网络、音频、输出（打印）和显示子系统。Windows Vista 也使用点对点（Peer-to-Peer）技术提升了计算机系统在家庭网络中的通信能力，将使不同计算机或装置之间分享文件与多媒体内容变得更简单。针对开发者方面，Windows Vista 使用了 .NET Framework 3.0 版本，比传统的 Windows API 更能让开发者容易写出高品质的程序。另外，微软也在 Windows Vista 的安全性方面进行了改良。

（五）Windows 7、Windows 8 和 Windows 10 时期

Windows 7 是由微软公司于 2009 年发布的操作系统，可供家庭及商业工作环境、笔记本电脑、平板电脑、多媒体中心等使用。Windows 7 可供选择的版本有简易版（Starter）、普通家庭版（Home Basic）、高级家庭版（Home Premium）、专业版、企业版（Enterprise）（非零售）、旗舰版（Ultimate）。

2015 年 1 月 13 日，微软正式终止了对 Windows 7 的主流支持，但仍然继续为 Windows 7 提供安全补丁支持，直到 2020 年 1 月 14 日才正式结束对 Windows 7 的所有技术支持。2015 年，微软宣布，自 2015 年 7 月 29 日起一年内，除企业版外，所有版本的 Windows 7 SP1 均可以免费升级至 Windows 10，升级

后的系统将永久免费。无论哪个版本的操作系统,合理的系统设置是保证系统高效运行的前提。

Windows 8 是由微软公司开发的,具有革命性变化的操作系统。该系统旨在让人们的日常计算机操作更加简单和快捷,为人们提供高效易行的工作环境。Windows 8 支持来自英特尔、AMD 和 ARM 的芯片架构。

Windows 8 支持个人电脑及平面电脑,大幅改变了以往的操作逻辑,提供了更佳的屏幕触控支持。新系统画面与操作方式变化极大,采用全新的 Metro 风格用户界面,各种应用程序、快捷方式等都能以动态方块的样式呈现在屏幕上,用户可自行将常用的浏览器、社交网络、游戏等添加到这些方块中。Windows 8 还抛弃了旧版本 Windows 系统一直沿用的工具栏和"开始"菜单。

2011 年 9 月 14 日,Windows 8 开发者预览版发布,宣布兼容移动终端,微软将苹果的 IOS、谷歌的 Android 视为 Windows 8 在移动领域的主要竞争对手。2012 年 2 月,微软发布"视窗 8"消费者预览版,可在平板电脑上使用。2012 年 8 月 2 日,微软宣布 Windows 8 开发完成,正式发布 RTM 版本。2012 年 10 月 26 日,Windows 8 正式上市。Windows 8 有四大版本:标准版、专业版、企业版和 RT 版。

Windows 10 是微软公司于 2015 年 7 月 29 日正式发布的新一代跨平台及设备应用的操作系统,该系统旨在让人们的日常计算机操作更加简单快捷,为人们提供高效易行的工作环境。与以往的操作系统不同,Windows 10 是一款跨平台的操作系统,它能够同时运行在台式计算机、平板电脑、智能手机和 Xbox 等平台中,为用户带来统一的体验。在 Windows 10 操作系统中,贯彻了"移动为先,云为先"的设计思路,多个平台共用一个 Windows 应用商店,应用统一更新和购买,是跨平台最广的操作系统。

Windows 10 大幅改变了以往的操作逻辑,提供了更佳的屏幕触控支持。"开始"菜单再度"闪耀登场",新增了一个 Modern 风格的区域,各种应用程序、快捷方式等均能以动态方块的样式呈现,可以说是改进的传统风格与新的现代风格有机地结合在了一起。除此之外,新的 Edge 浏览器和多个内置应用程序也精彩亮相。Windows 10 是微软第一款以"Windows as a Service"定义的操作系统,这意味着操作系统的定期更新将更加频繁。

四、Linux 操作系统

（一）Linux 起源

Linux 操作系统的核心最早是由芬兰的林纳斯·托瓦兹发明的，他将此系统发布到互联网上，希望有更多的人去修改和完善。后来，Linux 系统经过世界各地程序员的改造，不断完善，直到最后成功发布。从诞生到成长的这些年里，此系统得到了越来越多的应用，成为目前世界上发展最快的操作系统，有着不可估量的潜力。

Linux 与 UNIX 非常类似，不同的是它是一种自由开放的、多人多工的操作系统。Linux 得益于 GNU 计划，实现了大范围的传播。其最大的特点是源代码完全公开，只要遵守 GPL 协议，任何人都可自由获取、发布甚至修改源代码，这为无数的代码爱好者提供了方便。

（二）Linux 的特点

1. 开放性

Linux 操作系统遵循开放系统互联国际标准，对所有用户实现开放，只要用户遵守了 GPL 协议，就可以免费获取源代码，并根据自己的需求进行开发，无版权的限制。

2. 多用户

多用户指的是不同用户可以同时享用统一系统资源，并且每个用户对自己的资源拥有特点的权限，不会受到外界影响。

3. 多任务

多任务指的是计算机能同时运行多个程序，并且程序之间彼此独立。Linux 内核负责调度每个进程，使之平等地访问处理器，由于 CPU 的处理速度极快，从用户的角度来看就好像所有的进程在同时进行。

4. 良好的用户界面

Linux 操作系统同时具有字符界面和图形界面。在字符界面，用户可以通过键盘输入相应的指令来进行操作。该操作系统同时也提供了类似 Windows 图形界面的 X-Windows 系统，用户可以使用鼠标对其进行操作。在 X-Windows 环境中就和在 Windows 中相似，可以说是一个 Linux 版的 Windows。

Linux 还向用户提供了两种界面：用户界面和系统调用。用户界面即 Shell，是基于本机的命令行界面，具有很强的程序设计能力，既可以联机使用，也可以脱机使用。系统调用是在给用户提供编程时使用的界面。用户可以在编程时直接使用系统提供的系统调用命令，为用户程序提供高效率的服务。

5.丰富的网络功能

Linux操作系统的网络功能具体有以下三点。

①支持互联网。Linux从诞生之日起就与互联网密不可分，支持各种标准的互联网网络协议，并且很容易移植到嵌入式系统中。目前，Linux几乎支持所有主流的网络硬件、网络协议和文件系统，因此它是网络文件系统（NFS）的一个很好的平台。

②支持文件传输。

③支持远程访问。

6.可靠的系统安全

Linux操作系统采取了很多安全技术措施，包括读写权限控制、带保护的子系统、审计跟踪、核心授权等，这为网络环境中的用户提供了安全保障。实际上有很多运行Linux的服务器可以持续运行长达数年而无须重启，依然可以性能良好地提供服务，其安全稳定性已经在各个领域得到了广泛的证实。

7.良好的可移植性

Linux操作系统中95%以上的代码是用C语言编写的。C语言是一种与机器无关的高级语言，具有可移植的特点，因此，Linux操作系统自然也具有良好的可移植性。

（三）使用Linux的优点

①费用低廉、功能强大。

②性能好，稳定性强，可替换商业操作系统。

③可以极大地降低拥有者总成本，并且开放源代码的Linux至少可以使用户有一定的控制权。

④用户可定制性好。利用开放源代码的Linux还可以开发路由器、嵌入式系统、网络计算机、个人数字助理等。

云计算与网络安全研究

第三节 网络操作系统的选择

一、考虑因素

（一）成本问题

价格因素是选择网络操作系统的一个主要因素。试想，拥有强大的财力和雄厚的技术支持能力当然可以选择安全可靠性更高的网络操作系统。但如果不具备这些条件，就应从实际出发，根据现有的财力、技术维护力量，选择经济适用的系统。同时，考虑到成本因素，选择网络操作系统时，也要和现有的网络硬件环境相结合。在财力有限的情况下，尽量不购买需要很大程度地升级硬件的操作系统。在购买成本上，免费的 Linux 当然占有很大的优势，而 NetWare 由于适应性较差，仅能在少数几种处理器硬件系统上运行，因而对硬件的要求比较高，可能会引起很大的硬件扩充费用。

在成本问题上，尽管购买操作系统的费用会有所区别，但对于一个网络来说，从长远来看，购买网络操作系统的费用只是整个成本的一部分。所以，网络操作系统越容易管理和配置，其运行成本越低。

（二）稳定性和可靠性

对网络而言，稳定性和可靠性的重要性是不言而喻的，网络操作系统的稳定性及可靠性将是一个网络环境得以持续高效运行的有力保证。微软的网络操作系统，一般只用在中低档服务器中，因为其在稳定性和可靠性方面要逊色很多。而 UNIX 主要的特性是稳定性及可靠性高。

（三）安全性

操作系统安全是计算机网络系统安全的基础。从网络安全性来看，NetWare 网络操作系统的安全保护机制较为完善和科学，UNIX 的安全性也是有口皆碑的（Linux 也是 UNIX 的变种），但 Windows NT/2000/2003 Server 则存在着重大的安全漏洞。微软底层软件对用户的可访问性一方面使得在其上开发高性能的应用成为可能，另一方面也为非法访问入侵打开了方便之门。Windows NT/2000/2003 Server 的安全漏洞主要包括服务器/工作站安全漏洞和网络浏览器安全漏洞两部分。当然微软也在不断推出补丁来逐步解决这个问题（Windows NT 已经停止补丁的推出）。无论安全性能如何，各个操作系统都自带有安全服务，如 Linux、UNIX 网络操作系统提供了用户账号、文件系统权限和系统日志文件。NetWare 也提供了高级的安全系统：登录安全、权限安全、属性安全、服务安全；Windows NT/2000/2003 Server 提供了用户账号、文件系统权限、注册表保护、审核、性能监视等基本安全机制。

在购买时还要考虑维护的难易程度。前面已经提过，从用户界面和易用性来看，Windows NT/2000/2003 Server 网络操作系统明显优于其他的网络操作系统。另外，网络操作系统提供的管理工具已经能够满足网络管理员的大部分需求，所以一般都不用再购买第三方软件了。

二、选择原则

（一）基本原则

1. 开放性原则

随着开放互联标准的制定，只有开放的、符合国际标准的网络系统才能够实现多厂家产品的互联，所以需确保系统具有良好的兼容性和可维护性、易升级性。

2. 可扩充性原则

网络系统良好的扩充性能够让用户以较小的代价，通过产品升级采用新技术来扩充现有网络设备的功能，从而有效地保护用户投资。

3. 可靠性原则

用户的网络系统必须具有一定的容错能力，以保障在意外情况下不中断用户的正常工作。

4. 可管理性原则

网络系统应该能够支持 SNMP，以便于计算机管理人员通过网管软件随时监视网络的运行状况。

5. 主导性原则

占主导地位的网络厂家的优势在于产品市场占用率高、拥有最先进的技术。如果选择占有主导地位的厂家，通过产品升级一方面可以使其用户得到最先进的技术，另一方面可以保护用户以前的设备投资。

（二）一般原则

①标准化，符合国际标准和工业标准。

②可靠性。

③安全性。

④网络应用服务的支持，能够获得多种应用软件并支持现有的应用。

⑤易用性，具有良好的管理功能、方便的开发平台以及安全保证等。

第六章　网络信息安全管理体系

第六章　网络信息安全管理体系

伴随着网络信息技术的不断发展，网络信息安全也开始成为人们关注的重点内容。网络信息安全关系到用户的个人隐私，因此提升网络信息安全管理意识势在必行。

第一节　信息安全管理体系标准

一、信息安全管理体系标准的起源

《信息安全管理体系标准》（ISO 27001），来源于英国的 BS 7799 标准。BS 7799 标准于 1995 年提出，1999 年进行重新修改。总体来说，BS 7799 标准分为两部分：《信息安全管理实施规则》（BS 7799-1）；《信息安全管理体系规范》（BS 7799-2）。前者是对信息安全管理提出的建议，后者是规定独立组织的需要，不同的部分针对的内容与范围不同。

伴随着全球信息化水平的不断发展，信息安全成为人们关注的焦点，不仅仅是在中国，世界上很多的国家、组织、机构、个人都在摸索如何更加高效地保障信息安全。很多国家制定了适用于自己国家的标准，国际组织也发布了相关的信息安全标准。目前，在信息安全管理方面，英国标准 ISO 27000：2005 已经成为世界上应用最广泛与典型的信息安全管理标准，目前已升级到 ISO 27000：2013。

目前，ISO 27000：2013 标准已经得到了很多国家的认可，并应用于本国，成为国际上最具代表性的信息安全管理体系标准。很多国家的相关组织、机构、政府开始使用这一标准规范自己的信息安全管理。

二、信息安全管理认证的优势

认证是指由认证机构证明产品、服务、管理体系符合相关技术规范及其强制性要求或者标准的合格评定活动。认证机构是经国家认证认可监督管理委员会（CNCA）批准，可以在中国境内合法开展管理体系认证和产品认证的专业机构。就是说取得认证资质的企业或单位才可以进行审核活动。BSI、DNV、北京新世纪认证有限公司、华夏认证中心有限公司等，都属于认证机构。认证机构是经 CNCA 授权的，认可机构管理认证机构。

认可是指具有相关资质的评定机构具有实施特定工作能力的第三方证明。经过认可就是指按照国家或者国际标准，对从事的相关活动的合格评定，满足相关的标准要求。中国的认可机构是中国合格评定国家认可委员会（CNAS），英国的认可机构是 UKAS，美国的认可机构是 ANAB。

获得 CNAS 认可的认证机构名录如下：中国质量认证中心、上海质量体系审核中心、北京赛西认证有限责任公司、广州赛宝认证中心服务有限公司、北京新世纪认证有限公司、华夏认证中心有限公司、中国信息安全认证中心、上海挪华威认证有限公司。

一般说来，证书是由认证机构颁发的，认证机构要得到认可机构的授权，认可机构要得到 CNCA 的授权，因此中国的认证最高管理单位是 CNCA。有些认证机构经 CNCA 备案授权，并没有获得 CNAS 的认可，这样在国内开展被授权的审核业务也是可以的。

ISO 27001 标准可以规范信息安全，使信息安全健康、有序的发展。通过 ISO 27001 标准的认证，就表示得到了相关部门的认证，具体的优势有以下几点。

第一，遵循信息安全管理体系的相关要求可以协调各个方面的信息管理，保障管理更加有效。信息安全管理是一个综合性的过程，需要进行全面且综合的管理，不能只是依靠某一个或者某几个环节。

第二，经过 ISO 27001 的认证，可以增加企业自身的可信度，也可以为相关的合作伙伴提供一份保障。这样一来就会降低对组织的干扰，可以获取更多的利益。伴随着各个组织之间电子商务的推进，可以为广大的用户提供更加全面的服务。

第三，通过认证可以保障组织所有部门对信息安全的承诺。通过认证之后，可以消除组织部门之间的疑惑，增强彼此之间的信任。获得国内或者是国际上认可的证书，可以方便企业进行更宽层次的交流与发展。

第四，通过第三方的认证可以为其他的利益相关者提供投资的信心。增强双方之间的信任，降低企业的运营风险。

第五，遵循 ISO 27001 的相关标准，一定会有投入，但是通过相关部门的审核之后，获得认证就会获得相应的回报。通过认证的就会比没有通过认证的组织的竞争力要强，作为信息安全的相关依据，可以为相关的合作伙伴、顾客增添信心。

三、信息安全管理体系的建立与运行步骤

ISO 27001 标准作为相关安全管理体系，对于需要保护的资产、组织风险管理的渠道以及控制目标与方式都有明确的规定。不同的企业或者组织在建立与完善安全管理体系的过程中，可以根据自身的实际情况，采用不同的方法与程序。一般来说，建立信息安全管理体系需要经过以下几个步骤。

第一，信息安全管理体系的信息收集与准备。

第二，信息安全管理体系文件的编制。

第三，信息安全管理体系的运行与实施。

第四，信息安全管理体系的评价与审核。

以上是建立信息安全管理体系所需要的一般过程，如果需要考虑认证过程，具体的步骤应该如下。

第一，现场诊断。

第二，根据现场诊断的结果，制定信息安全的具体的目标与方向。

第三，进一步确定信息安全管理体系的范围。

第四，针对管理层进行相关的信息安全知识的培训。

第五，进行信息安全体系内部审核人员的培训。

第六，构建信息安全管理组织的机构。

第七，进行信息资产评估，根据结果进行分类，对于相关不利因素进行分析，确定风险的等级。

第八，根据上述内容确定实施管理的相关风险，制定针对风险控制的相关措施。

第九，确定信息安全管理手册与必要的控制程序。

第十，确定适用性声明。

第十一，制订并完善可持续性发展计划。

第十二，审核文件，合格之后进行发布。

第十三，运行文件。

第十四，内部审核。

第十五，外部第一阶段认证审核。

第十六，外部第二阶段认证审核。

第十七，颁发证书。

第十八，年度监督审核。

第十九，复评审核。

企业选择哪种控制方式，需要根据企业自身的实际情况进行确定，尤其是要注意细节。信息安全管理中需要组织中的全体成员共同参与，还要注意防护，避免第三方获取机要数据与文件。更需要调动全体成员的参与，加强控制力度。

不仅与组织成员，还要与顾客、股东、供应商加强沟通与联系，保持信息安全，维持竞争的优势。

第二节 云安全

一、建立云安全的难点

由于互联网技术的日益发展，来自互联网的威胁也正在由计算机病毒向恶意程序以及木马转换，在这样的情况下，原有的杀毒软件需要进行进一步的改良，以保障信息安全。

云安全技术应用可以依靠整体的网络服务的技术，对信息进行及时的收集、分析与处理。整个互联网就像一个大型的杀毒软件，参与其中的人越多且这些人越安全，整个互联网就会变得更加安全，而建立云安全的难点主要集中在以下四方面。

（一）海量的客户端

客户端的数量越多，对于互联网上相关信息的收集也就越全面，从而对于互联网上出现的病毒等才有更加敏锐的感知能力。

（二）专业的反病毒技术

建立云安全需要专业的反病毒技术和经验。综合利用相关的专利技术、智能主动防御与虚拟机技术等，保障云安全系统的综合运行，可以及时处理大量的相关信息，并将处理的结果共享给相关人员。

（三）大量的资金与技术支持

云安全系统在硬件上的投入非常大，甚至会超过亿元。国内的顶尖的技术团队，在未来几年的研究中的花费只会有增无减，这样的资金与技术投入，并不是所有的团队都可以做到的。

（四）系统开放

云安全系统必须是开放的，而且还需要大量的合作伙伴的加入。这就要求云安全系统与所有的软件完全兼容，就算是用户使用其他的杀毒软件，也可以享受云安全系统带来的便利。伴随着国内外众多知名厂家的加入，云安全系统的覆盖能力也在慢慢地加强。

二、企业云安全解决方案

（一）规范内部私有云

内部私有云作为云计算的基础，规范内部私有云有着重要的意义。企业要对内部私有云的环境以及相关的安全系统与程序有清晰的认识，可以从中看到优势与不足。企业在发展的过程中，会不自觉地建立内部云环境。国内有很多大型或者中型企业，一直在默默探索，即便是他们不将其称之为私有云，但是这些建设都与私有云有着密切的联系，都有一定的标准操作系统平台与硬件为基础。

（二）建立风险评估机制

企业可以很容易地计算出使用云环境的经济成本，但是获得收益的过程中也会伴随着风险。企业一定要了解风险与经济这两个因素。

云服务没有办法为企业完成风险分析，主要原因是主要的业务流程所在的商业环境复杂。对于成本较高的服务水平协议，一般都是优先选择云计算。建立风险评估机制，需要考虑的因素很多，如监管因素，不同的监管机构对于数据与服务的要求不同。

（三）打造不同的云模型

企业应该对市场上相关的云模式与云类型有一定的了解，企业在发展的过程中，在不同的发展阶段会运用到不同的云模式与云类型，它们之间的联系与区别也会对信息的安全与控制产生影响。根据企业的现实情况与市场需求，企业应该具备相关的策略。

（四）遵循网络安全标准

企业的运行需要遵循一定的标准，关于网络安全的相关标准已经运用到现实生活中，遵循网络安全的相关标准也是为了保障云服务的安全。在云环境中实现工作的高效运转是需要遵循这些标准的。

（五）构建 SOA 体系

企业构建 SOA 的相关原则与要求应用到云环境之中，可以更好地为信息安全所服务。从本质上来讲，云环境就是大规模的 SOA 的拓展。

SOA 的下一步发展规划就是云环境，企业可以将 SOA 高度分散的执行原则与集中式安防政策管理和决策制定相结合，可以直接应用到云环境中。当重点由 SOA 向云环境转移的过程中，不需要重新制定安全策略，只需要将这些策略转移到云环境中。

（六）完成角色转换

很多的企业在初始阶段会将自己看作云服务的用户，但是企业组织也是整个价值链的组成部分，需要向客户与合作伙伴提供相应的服务。每一个企业都想达到云服务的利益最大化，实现风险与收益的平衡，但是真正做到的企业并不多，这个过程中企业要完成自己的角色转换，这样才可以更好地使用云服务。

第三节　信息安全风险评估

一、信息安全风险评估的原理

信息安全风险评估是一项复杂的系统工程，需考虑诸多评估因素，有些评估因素可以用量化的形式来表达，有些因素却难以量化，必须将定性分析和定量研究相结合来考虑评估问题，也就是将基于多元统计的风险评估方法与基于知识与决策技术的风险评估方法综合运用，即多种方法的综合。

基于多元统计的风险评估方法，通常运用数量指标来对评估对象进行系统安全性分析评估，比较典型的方法有聚类分析法、故障树分析法、事件树分析法、因子分析法、时序模型、回归模型、风险图法等。其优点是用直观的数据来表述评估的结果，看起来一目了然，而且比较客观。基于多元统计的系统安全性分析方法的采用，可以使研究结果更科学、更严密、更深刻，有时用一个数据就能够清楚地阐述较为复杂的问题。

而基于知识与决策技术的风险评估方法，主要依据评估者的知识与经验，借鉴推理及非量化资料等对系统安全性状况做出判断的过程。它主要以对评估对象的深入了解等为基本资料，然后通过一个理论推导演绎的分析框架，对资料进行系统分析，在此基础上借助专家的智慧与经验，再做出系统安全性评估的结论。典型的基于知识与决策技术的安全性分析方法有主因素分析法、逻辑分析法、群决策方法等。基于知识与决策技术的安全性分析方法的采用，避免了一些定量方法在系统安全性分析与评估中的不足，而且可以挖掘出某些蕴含很深的系统安全评估思想，使系统安全性评估的结论更全面、更深刻。

另外，还有一些基于创新的风险评估方法，如基于攻防博弈理论、粗糙集理论、神经网络理论以及多种理论相结合的安全性评估方法。系统风险评估的主要目的是量化系统运行过程中可能发生的各类风险，估计安全风险评估理论与实践常能性和对系统正常运作的影响程度，进而划分风险的优先级，为制订系统风险管理计划及对系统风险进行监控提供依据和参考。

二、信息安全风险评估基础理论

（一）模型与模型化

无论是信息系统风险评估与控制还是其他许多科学研究领域，模型与模型化的重要性都是不言而喻的。模型是对事物、对象或系统的全体的、本质的、内在联系的数学表征，是进行系统分析或行为预测的有效工具，是人们掌握客观世界规律或改造客观世界的锐利武器。模型化或建模就是在被研究的事物、对象或系统的复杂因果关系中确立定性的或定量的相互依存关系。事实上，在许多科学研究和工程技术领域内，建模的成功与否代表着在这些领域内人类具有的知识水平和实践能力的高低。

科学技术越发展，计算机越普及，模型与模型化的意义就越重大。当人们用系统理论方法去研究客观对象，从而能动地控制或改造它时，常常需要经历这样的过程：将被研究的对象作为一个系统，然后建立它的数学模型；按照建模目的和要达到的任务目标设计一个评价准则（目标函数）；对准则进行优化得到最优算法或控制策略；通过计算机实现对系统的分析与设计、预测与控制。

由此可见，在一定意义上，模型和模型化是人们认识客观世界的基础，是沟通理论与实际的桥梁。当我们研究某一对象时，与其说是研究对象本身，不如说是研究描述该对象的数学模型。我们研究信息系统的风险评估与控制，必须建立能够正确描述信息系统安全风险的数学模型，这是一项比较艰苦同时也是较为困难的工作，但必须认真去做。

（二）输入量与输出量

输入量就是在预期范围内可以控制系统风险特性的外加物理量或者是管理措施。输出量就是对存在系统内部的实际风险，方便检测或者是很容易估算的物理量，会对系统的整体功能产生影响。对于输入量与输出量要有明确的了解，这样可以更好地实现信息系统的风险评估与控制。

（三）系统边界的相对性

在研究信息系统的风险控制的过程中，系统边界是一个相对的概念，并不是绝对的。在进行分析的过程中，可以将系统的任何一个部分看成一个系统，也可以拓展原有系统的边界，使系统包含新的物理量和新的网络环境。

（四）集总参数系统

所谓集总参数是相对于分布参数而言的。在建立信息系统安全风险的评估与控制模型中，一般会将分部参数系统当作集总参数系统。

这样一来，就可以将系统中各种联系用微分方程或者是差分方程描述出来，可以利用状态空间的一般理论，利用一组状态空间模型加以描述，然后再将问题进行归纳总结，从而得出信息系统的风险控制算法，为信息系统的风险控制提供相关的依据。

三、风险分析与评估的主要内容

风险分析与评估一般包括识别风险、分析风险、评价风险、处理风险环节，主要涉及资产、威胁、脆弱性等基本要素，每个要素有各自的属性。资产的属性是资产价值；威胁的属性可以是威胁主体、影响对象、出现频率、动机等；脆弱性的属性是弱点的严重程度。风险分析与评估的主要内容有以下几点。

①对资产进行分类与识别，掌握资产的基本情况，并对资产的价值进行赋值。

②对威胁进行识别，总结威胁的相关信息，计算出威胁的频率。

③对脆弱性进行识别，并对具体资产的脆弱性的严重程度赋值。

④根据威胁以及脆弱性的难易程度，可以判断出安全事件发生的可能性，做好相关的信息安全防护措施。

⑤利用脆弱性的严重程度以及安全事件的资产价值，计算出安全事件的损失，根据损失进行合理规划。

⑥根据风险要素的评估数据，可以对信息系统安全风险有基本的了解，还可以进行全面且系统的分析。

四、风险评估的模式

（一）技术评估和整体评估

技术评估是指对机构的技术基础与程序进行完整的、及时的检查，包括机构内部计算环境安全性评价的完整性攻击与内外攻击、脆弱性评价的完整攻击。这项技术的评估一般分为以下三方面。

①评估整个计算基础结构。

②使用软件工具分析基础结构及其全部组件。

③提供详细的分析报告，说明检测到的技术弱点，并且可能为解决这些弱点。

技术评估一般强调机构的技术脆弱性，机构的安全性一般强调机构内部的薄弱环节或者薄弱部分，这部分薄弱环节大多数情况是指机构中的个别人。

整体评估可以说是将上述技术评估的范围的进一步加深。将重点放在机构内部与安全相关的风险，甚至还包括了人的风险。从不同的角度进行评估，可以按照目标对安全风险进行排序，主要的侧重点集中在以下四个方面。

第一，检查与安全相关的标识、机构实践的优势与劣势。在进行这一工序的过程中可能会涉及对信息的比较分析，需要根据相关的标准与实践对信息进行登记评价。

第二，确定物理安全，对系统进行技术分析，选择合适的政策并进行评审，全部合格之后再进行下一步。

第三，检查计算整体的基础结构，确定技术上的不足，根据检查的结果对相关技术进行改进。

第四，综合上述全部信息进行风险评估，选择最合适的成本效益对策。

1999年，卡内基梅隆大学发布Octave框架。这种信息安全风险评估方法主要针对大型机构，小型机构也可以根据自身的情况使用，它的实践主要分为如下三个阶段。

第一阶段，构建以资产为基础的威胁配置文件。机构的所有员工都应该积极地参与进来，积极阐述自己的相关看法与建议，如怎样才可以保护机构的资产，与之相关的都可以进行论述，通过对员工的看法与建议的整理与归纳，最终确定出对机构最重要的资产，并且表示出对这些资产的威胁。

第二阶段，标识基础结构的弱点。对计算基础结构进行评估，通过评估结果对每一种关键资产相关信息技术系统与组件进行分类与分析，找出其中的技术弱点。

第三阶段,开发安全策略。根据标识出来的关键资产的风险,进行相关分析,然后采取相关的措施降低风险。根据收集到的信息进行分析,制定安全保护策略,尽最大的可能降低关键资产的风险。

(二)定性评估和定量评估

定性分析方法作为一种最常使用的风险分析方法,有利也有弊,只关注威胁带来的损失,但是会忽略事件发生的概率。这种分析方法会根据机构面临的多种因素来决定安全风险等级。

定性分析方法并不会使用具体的数据,而是会规定期望值。举例说明,假设每一种风险的影响值与概率值均为高、中、低。这样表示并不能很清晰地显示出风险值之间的区别,这只是一种表示风险等级的途径,并不能真正代表这种风险到底有多少。如果将它们赋予相应的数值,就会显得很明显。

定量分析方法也是风险分析方法,主要利用两个基本元素即威胁事件发生的概率与可能造成的损失,将这两个元素简单相乘的结果称为期望年损失。利用期望年损失可以计算出威胁事件的风险等级,根据风险等级做出相应的决策。

定量风险评估方法要对规定的资产的价值进行评估,按照不同的功能进行划分,这样有利于整个系统的评定,根据相关数据计算出威胁的频率,最后计算出威胁影响的系数。不同的风险,对于资产的威胁是不同的,自然危害程度也有所不同。危害程度的范围也可能从零到完全破坏。

根据相关数据进行计算,得出的结果并不是完全准确的,这样即便是计算出来的数据也有可能存在着问题。例如,人们可以根据频率数据估算出自然灾害的发生的频率,但是不能估算出没有发生过这种自然灾害的地区。控制与相关解决对策会在很大程度上降低威胁事件出现的概率,但是威胁事件不是独立存在的,而是彼此相互关联的,这样的情况下使用定量评估是非常困难的。所以一般不建议使用定量评估。

不管是定量分析还是定性分析都有一定的弊端,这种情况下可以适当采用主观概率与客观概率相结合的方法。此方法主要适用于没有直接判断依据的情况,可以适当采用一些间接性的信息,并不是使用没有根据的猜测、凭空猜测。应用主观概率评估人为攻击产生的威胁的过程中,还需要将威胁属性考虑进去,这样才可以使得分析更加全面。

(三)静态评估和动态评估

静态评估中的静态是指信息系统的风险状态或风险输出只与空间分布特征

有关，而不考虑随时间的动态变化情况，在风险识别和各风险域及风险点描述的基础上，重点讨论各资产要素的风险对系统区域风险及系统整体风险的影响问题，内容包括导出安全风险的静态综合评估准则、建立随机情况下的资产要素风险概率模型、定义风险域以揭示安全风险随系统的复杂程度而递增的客观规律等，分别从微观、中观、宏观等不同角度对信息系统的安全风险做出综合评价提供理论依据和工程实践方法。

动态评估是指对信息系统的安全风险进行评估时，除了考虑安全风险的空间分布特性以外，还要考虑安全风险的时间分布特性，重点考虑安全风险。

五、系统安全评估工具

微软安全评估工具（MSAT）由 200 多个问题组成，涵盖了基础架构、应用程序、运作和人员几个方面。这些问题及其相应的答案或建议，均来自公认的最佳做法、ISO 17799 及 NIST 800 系列的标准，以及微软可靠计算机组和其他外部安全渠道的建议和规范性指导。这样不仅可以检测安全风险，还可以检测企业的安全成熟度，提高应用的安全性和可维护性。

MSAT 与微软基准安全分析器（Microsoft Baseline Security Analyzer, MBSA）不同，MSAT 通过系统管理员填写的详细问卷以及相关信息处理问卷反馈，并对企业现有安全措施进行评估，然后提出相应的安全风险管理措施和意见。

MSAT 的使用比较简单，主要是系统管理员如实回答各项问题，进而得出合理的问题解决办法或建议。该工具软件的具体使用方法如下。

①安装完成后，第一次运行该软件时，弹出窗口，需要创建一个新的配置文件，单击"新建"按钮进行创建即可。

②配置文件创建完成后，打开另一个窗口，填写公司基本信息，填写完成后单击"下一步"按钮即可。

③在规定的窗口中需要填写业务风险配置文件，共分五个部分，全部都需要填写，每一项填写完成后单击"下一步"按钮即可。

④全部填写完成后，单击窗口左边的"创建新评估"按钮即可开始创建评估。在窗口中单击"新建"按钮，创建一个新评估。

⑤窗口的左侧可以看到，需要评估的每个方面又分为多个小的部分，如基础架构方面分为"周边防御""验证"和"管理与监视"三部分。单击"下一步"按钮开始进行详细评估，用户需要认真回答提出的每一个问题，如"您组织是否在网络边界使用防火墙或其他网络级别的访问控制来保护公司资源？"。

⑥问卷填写完成后单击"报表"按钮即可生成一份报表。

⑦生成报表后可以对报表进行汇总或者比较,单击"完整的报告"标签可以查看完整的报表。此报表中包含了基础架构、应用程序、运作和人员四个方面的详细信息(如评估结果、最佳经验和建议)。

⑧单击报表中的每一部分,可以查看其中每一项的详细信息。单击"计分卡"标签可以查看整体评估结果。可以得知,该企业在基础架构方面的防火墙规则与过滤、反病毒等安全方面需要改进,在无线、远程访问、管理用户等方面存在着很严重的安全问题。

⑨单击"应用程序"可以查看应用程序方面每一项的详细信息。通过此评估结果可以得知,该企业在负载平衡方面未部署负载平衡器,MSAT 提供的建议是"在 Web 服务器前端部署硬件负载平衡器以获得更高的可用性";该企业在群集方面未部署群集,MSAT 提供的建议是"为确保重要数据库和文件共享的高可用性,请考虑部署群集机制";在授权与访问控制方面,关键应用程序没有根据分配给账户的特权限制对敏感数据和功能的访问,MSAT 提供的建议是"在应用程序中实施授权和访问控制机制……为每个职责定义特定权限"。

⑩在应用程序方面的数据存储与通信。

通过 MSAT 的风险评估结果可以得知该企业在很多方面都存在着安全问题,系统管理员在实际工作中也会发现不少问题,需要逐一进行解决。

六、网络漏洞扫描工具

AWVS(Acunetix Web Vulnerability Scanner)是一个自动化的 Web 应用程序安全测试工具,它可以扫描任何可通过 Web 浏览器访问的和遵循 HTTP / HTTPS 规则的 Web 站点与 Web 应用程序,适用于任何中小型和大型企业的内联网、外延网,面向客户、雇员、厂商和其他人员网站。AWVS 可以通过检查 SQL 注入攻击漏洞、跨站脚本攻击漏洞等来审核 Web 应用程序的安全性。AWVS 的主要功能包括以下几个方面。

① Web Scanner:核心功能,Web 安全漏洞扫描。

② Site Crawler:爬虫功能,遍历站点目录结构。

③ Target Finder:端口扫描,找出 Web 服务器。

④ Subdomain Scanner:子域名扫描器,利用 DNS 查询。

⑤ Blind SQL Injector:盲注工具。

⑥ HTTP Editor:HTTP 协议数据包编辑器。

⑦ HTTP Sniffer：HTTP 协议嗅探器。

⑧ HTTP Fuzzer：模糊测试工具。

⑨ Authentication Tester：Web 认证破解工具。

AWVS 的具体使用方法如下。

第一，在主界面中单击"New Scan"按钮，打开站点扫描向导，在弹出的窗口中输入站点后单击"Next"按钮。

第二，选择扫描模板，一般选"Default"即可。

第三，软件可自动识别目标站点的信息，也可手动修改。

第四，如果网站需要登录，就在此处添加登录信息，单击"Next"按钮。

第五，信息确认无误后单击"Finish"按钮即可开始扫描。

第六，经过一段时间后即可得到扫描结果。

第七，单击"Actions-Generate Report"进入"Acunetix WVS Reporter"窗口，单击"Report Preview"可以看到报告预览。

第八，可以将扫描结果保存为多种格式的报告文档。

七、网络安全评估工具——Wireshar

Wireshark 是当前使用最广泛也是最流行的网络安全评估工具。使用 Wireshark 可以捕捉网络中的数据，还可以为用户提供网络与上层协议中的各种信息。

（一）Wireshark 的优势

①操作简单，安装方便。

②功能多样。

③界面简单，使用方便。

（二）Wireshark 的使用方法

Wireshark 的使用还是非常简单的，但是高级应用和技巧就需要我们在日常工作中去积累和运用了。下面简单介绍三个应用，让大家体验一下如何使用 Wireshark 评估网络。

1. 检测是否有 QQ 在使用

很多的企业不希望自己的员工在上班时间使用 QQ 进行社交，想要通过一些方式来避免，很多企业想要对这些社交软件进行封锁。员工并不会一味地遵守，他们总是会想办法进行突破。但是不管员工使用哪一种方式进行突破，都没有办法避开 Wireshark 的扫描。

Wireshark 的使用很简单,即先打开 Wireshark 进行设置监控网卡,扫描网络中的相关数据,如果有 QQ 正在使用,Wireshark 就会自动记录这些数据,可以有效地避免员工在上班时间使用 QQ。

2. 制定过滤规则

可能会遇到捕获的数据包过多而无法分析的问题。实际上 Wireshark 允许制定过滤规则,也就是说让 Wireshark 只捕获指定的数据包。只需在主界面菜单中选择"捕获,捕获过滤器"选项,然后根据系统自带的过滤规则或者自行指定规则语句来制定所需的捕获规则。

针对地址解析协议(ARP)数据包来检测,以查看网络中是否有 ARP 病毒存在。这时再执行菜单栏中的"捕获"→"开始"命令,这样 Wireshark 将只针对 ARP 数据包进行捕获,其他数据包将不进行任何记录。具体捕获情况在捕获窗口中一目了然。

3. 检测明文数据包

Wireshark 的功能相对广泛,可以针对网络中明文数据包的内容进行分析。在使用 Telnet 管理路由交换设备时所有的传输数据都是基于明文的,利用 Wireshark 就可以更好地将 Telnet 的输入指令分析出来。

在检测的过程中如果有用户正在进行 Telnet 操作,在数据包显示窗口中就会看到与之相对应的 Telnet 协议,还可以看到通信双方的 IP 地址。

Wireshark 可以帮助用户更好地分析网络数据,甚至可以在第一时间发现病毒或者木马程序的问题出现的根源所在。

第四节 网络信息安全管理措施

一、影响网络信息安全的因素

社会犯罪是一种社会现象,社会中总有少数犯罪分子伺机犯罪以达到其个人的不法目的。在信息科技广泛嵌入社会并服务社会的过程中,高科技信息犯罪具有的隐蔽、快捷、高效性等特点,致使犯罪分子利用信息对抗手段进行犯罪,并呈上升趋势。例如,有的青少年平权思想浓厚,反对知识产权给个人创造巨大财富(如软件专利等),对此认为不公平,要讨回公道;有的人对他人拥有大量财富心理失衡,而在信息网络中攻击掠取既方便又隐藏,并试图通过这种方式达到心理上的平衡;有的法盲还错误地认为没有真正动手抢劫就不算犯罪,这也助长了信息犯罪行为。

人虽然是万物之灵，但在高度紧张的长期工作中，会因种种原因不可避免地发生疏漏、错误，其中部分情况会形成信息安全问题和在对抗环境中造成损失。例如，工作时不小心将信息系统的电源关闭，导致处理信息的大量损失，甚至造成信息系统的直接破坏等。

总之，很多社会和犯罪原因必然会在信息领域有所反映，从而形成各种信息安全及信息犯罪问题。

二、保障网络信息安全的措施

针对信息安全对抗的基本对策，总体上应由社会进步、科技发展、社会成员素质提高作为基础，促进信息安全的发展。

信息安全问题的基础根源来自人与自然的关系、人与人的关系，是人类所涉及的诸多关系与状态中的一种，它在社会中越来越重要。通过社会进步和科技发展，不断有新的信息系统进入社会服务于人类并发挥作用，陈旧的系统和技术不断被淘汰，其安全对抗问题也随之消亡。社会进步不断产生更合理的社会秩序，人们素质的提高也会减少各类信息安全事件的发生。因此，广泛的社会发展是信息安全发展的基础。

网络本身就是一个开放的系统，有积极健康的网络信息，也会充斥着不良信息与计算机病毒，这些不良的现象会对网络信息安全造成一定的威胁，计算机的安全领域主要包括以下几方面。

第一，国家党政机构计算机信息系统的安全问题，这关系到国家机密与信息领域的安全。

第二，国家经济领域内的计算机信息系统的安全问题，作为国家经济发展的重要资源，会影响到国民经济的健康发展。

第三，国防与军队的计算机信息系统安全问题。

第四，组织、团体、个体、企业等相关的信息，关系到隐私与财富，这些都与信息安全有着密切的联系。

综上所述，生活中的每一方面都与信息安全有着密切的联系，加强信息安全已经成为目前政府与计算机行业密切解决的重点问题之一。由于网络信息安全是一个很复杂的工程，相关政策与相关技术的发展都会影响信息安全的发展。网络信息安全管理需要有一个综合的保障体系，不管是从我国之前的建设经验中吸取教训，还是借鉴优秀的发展经验，都需要采用切合实际的解决方法与措施，更好地保护网络信息的安全。

（一）网络信息安全的法律保障

关于网络信息安全的法律，国务院以及有关部委也出台了一系列的行政法规，如《计算机信息网络国际联网安全保护管理办法》《中国公用计算机互联网国际联网管理办法》《中华人民共和国计算机信息系统安全保护条例》等。这些都是规范网络信息安全的法律保障，由于这些是法律规定，所以必须强制执行，不能违背，这样就可以进一步规范计算机网络系统的良好的环境，减少违法犯罪现象的出现。

《中华人民共和国刑法》（以下简称《刑法》）第二百八十六条与第二百八十七条都有明确的规定，违反国家的规定，就要承担相应的责任并且还要受到相应的惩罚。由于计算机技术的大规模应用，我国将计算机的相关法律纳入《刑法》，这表明了我国对计算机网络信息安全的重视，即保护相关人员的相应权益，维护互联网的安全。

政府部门加强相关法律宣传，提高公民的网络安全意识，学校部门也应进行相关知识的讲解，提高学生网络信息安全意识。网络信息安全关系到每一个人的切身利益，并不是某一个部门或者某一个组织的事情。当个人的计算机遭遇病毒攻击时，会给自己的生活、学习、工作带来不便。对于企业或者是政府，一旦遭受木马程序的攻击，轻则造成经济损失，重则会影响企业的发展或政府重要数据的丢失。加强法制教育，普及相关知识，加强人们的安全意识，避免出现因不懂法而误入歧途。

（二）网络信息安全的技术保障

从技术的角度来看，计算机安全问题可以分为三种类型，分别是实体的安全性、运行环境的安全性以及信息的安全性。实体的安全性主要是指环境安全、媒体安全以及设备安全。通俗来讲，就是保障软件与硬件设备的安全。运行环境的安全就是指保证计算机可以在良好的环境中工作。信息的安全就是指保证信息不被非法使用、修改与泄露。

1.设置防火墙

防火墙作为一种可以防止外部非法入侵的方式，还可以防止内部用户非法窃取机密的信息。不管是对外还是对内都有利于信息安全的保护，设置防火墙可以有效地规避信息安全的风险，作为一种有效的安全防护措施，通过在内外部设置一个或者多个电子屏障保护网络信息安全，有利于网络信息安全的防护，避免泄露重要的信息。

2. 利用加密技术

加密技术是保障信息安全的重要途径，可以防止合法接受者之外的用户获取或者盗用机密信息。目前经常使用的加密技术主要分为两种，一种是对称加密，另一种是非对称加密。

3. 完善公开密钥基础设施

为解决网络的安全问题，世界各国对其进行了多年的研究，初步形成了一套完整的安全解决方案，即目前被广泛采用的公开密钥基础设施（Public Key Infrastructure，PKI）。

PKI是以公钥加密技术为基础的一种新的安全技术，采用相关标准的数字证书，可以有效地对用户的身份和权限进行严格的控制。它由公开密钥、数字证书、证书发放机构（CA）和关于公开密钥安全策略等部分组成。它采用证书管理公钥，通过第三方的可信机构，把用户的公钥和用户的其他标识信息（如名称、身份证号码等）捆绑在一起，实现密钥自动管理，验证用户的身份，保证网上数据的机密性、完整性和不可否认性。它克服了密码在安全性和方便性方面的局限，能有效地控制用户可以访问哪些数据。PKI可对文件或数据采用公钥进行加密，而用于解密的密钥存放于IC卡或者智能卡之中，从而增加了安全性。

PKI技术已趋于成熟，其应用已覆盖了众多领域，许多企业和个人已经从PKI技术的使用中获得了巨大的收益。这项技术的前期投资是非常大的，需要国家的引导与规划，还需要企业的积极参与与配合，整个体系的安全都是建立在私钥的安全保密之上的。除此之外，对于容错技术、审计与跟踪技术等都需要加强注意。

（三）网络信息安全的管理保障

为了规范与确保系统的安全性，一定要建立严格的网络信息安全管理保障机制，对于内部的工作人员，一定要有明确的职责规范，严格管理内部的账户与密码，进入系统之前要有相关的确定程序，避免出现非法占用或者是盗用的现象。建立网络安全维护日志，记录相关的使用情况以及出现的问题，并定期检查相关数据，对出现的问题进行及时解决。对于重要的数据做好相关备份工作，对于不同等级的重要信息与数据应该有不同程度的数据加密。

1. 坚持基础科学发展和社会理性化发展

自然科学与数学领域的发展关系到信息科学技术以及信息安全发展，作为研究信息安全的重要基础，不仅仅是信息安全领域，还有很多的学科或者领域都会从这些基础学科中获得灵感。信息安全领域会有更加广阔的发展。信息安全问题，会涉及很多社会与人为的因素，先进的社会与更高的素质水平，更有利于社会信息安全的发展。

人类社会是一个非常综合的系统，在社会的发展过程中也需要基础理论的支持，基础理论的提高有助于社会实践的提升。信息安全是人类在社会发展中必须面临与解决的一个问题，社会发展与信息安全之间存在互动关系，社会发展得好，信息安全问题自然也会得到重视，与之相关的问题也会得到更好的解决。

2. 构建信息安全领域基础设施

（1）加强相关领域的研究

构建信息安全领域的基础设施离不开相关领域技术与信息的支持。与信息安全领域相关的领域会涉及很多学科，如数学、生物学、电子学等，它们的发展对信息安全的发展有着至关重要的影响，如密码安全性的提高需要基础学科的支持。

（2）建立信息安全基础设施

由于信息安全基础设施作为一个体系概念，是不断变化与发展的，根据不同的分类标准会有不同的划分。建立信息安全基础设施就是加强网络信息安全的管理保障，需要信息科技与信息科技相关人才的支持。

（3）完善相关安全产品

完善相关安全产品这项工作作为信息系统安全保障的直接物质基础，是整个信息系统安全的重要保障与运行

（4）生产符合安全标准的信息通用基础产品

就信息安全来讲，需要设置专门的信息安全类的产品。这类产品只是一种保障，并不是万能的，还需要有相关的基础通用产品的支持。信息安全防范的相关问题是一个系统性的问题，需要在不同的环节上加以防护。基础层次的安全需要通用基础性产品的支持，如果一旦这些通用基础性产品出现问题就会影响信息安全。

三、网络信息安全研究现状和动向

密码学作为信息安全的关键技术，不仅仅是中国的研究重点，也是国际上的研究重点。早在1976年，美国的学者就提出公开密钥密码体制，经过多年技术的发展，信息的安全性已经成为人们关注的重点内容，计算机技术的不断更新与发展，各种密码的算法开始出现新的挑战。由于网络信息安全是一个综合的学科领域，不仅仅涉及计算机领域还会涉及物理、生物、数学等领域，这些领域的研究成果也会影响着计算机信息安全的研究现状。

我国的网络信息安全研究主要经历了两个阶段：一是通信保密；二是数据保护。现在经过不懈的努力人们已经研发出安全网关、防火墙、系统脆弱性扫描软件等。虽然我国的网络信息安全技术起步较晚，但是我们依然取得了一定的成就，从安全体系结构、安全协议、现代密码理论、信息分析和监控以及信息安全系统五个方面开展研究，相互协同形成有机整体。只是还有大量的工作需要我们进一步研究与探索，形成有中国特色的产学联合发展之路，不断超越自己，保障我国网络信息的安全。

第七章　云应用安全与数据安全

云计算通过互联网按需、易拓展的方式获取服务。随着云计算技术的日趋成熟，越来越多的云应用出现在人们的视线中，为人们的工作和生活带来了极大的便利。但如果云应用出现安全问题，就会造成数据泄露，给企业和用户带来一定的损失。因此，要重视云应用与数据安全问题。

第一节　云应用安全

一、应用软件安全

（一）软件服务化

软件服务化作为应用软件的一种全新交付方式，已经得到广泛应用。借助互联网，将应用软件的数据处理过程从个人计算机转移到云计算服务器集群，这种应用虚拟化方式将显著提升应用软件的运行效率，同时，用户还能获得与使用本地应用程序相同的体验。然而，应用虚拟化导致大部分传统安全防护手段失效，因此，需要针对云计算环境中的应用特点，研究新的安全防护措施。

1.软件的发展

应用软件是为了满足用户不同领域、不同问题的应用需求而提供的，可以拓宽计算机系统的应用领域，已经成为计算机不可缺少的部分。应用软件产品及服务发展至今，主要经历了如下几个阶段。

（1）第一阶段

在计算机诞生的初期，大多数软件和计算机融为一体，用户在使用计算机时，会认为计算机为其提供了相应的功能，而不是软件。用户认为，软件的安装与配置是专业人员的工作。该阶段，软件与计算机是绑定关系，大部分软件只能在单一硬件平台上运行。

（2）第二阶段

随着用户对计算机应用的需求不断提高，他们需要计算机去处理更多的事情。因此，计算机的生产厂商开始为用户提供不同功能的应用程序，帮助用户更快地完成预定业务。为了满足这种逐步扩大的软件差异化需求，出现了一些专门的程序员和公司来编写用户希望实现的程序功能，软件产品的定制开发也就从此诞生。

（3）第三阶段

软件产业的迅速发展使各种功能的软件层出不穷，用户安装和使用的软件越来越多，软件产品的功能也越来越强。为支撑各种软件的运行，用户除了购置个人电脑、应用服务器和网络设备以外，还需要有系统维护人员进行配置和管理。

用户的主要业务并不是维护这些软硬件设施运行的环境，但不得不承担这些设施的投入和维护开销，于是软件开发商提出一种新的软件应用模式，即应用服务提供商模式。在这种应用模式下，应用服务提供商将用户所需要的软件统一部署到用户提供的软硬件运行环境中。其中，软件运行时所需要的应用服务器、系统维护人员等都由应用服务提供商负责，用户使用软件时只需要通过网络连接到应用服务提供商的服务器上，即可处理自己的日常事务，同时，业务所需的数据也全部存储在应用服务提供商的服务器中。

（4）第四阶段

应用服务提供商模式初步提出了"将软件作为一种服务"的思想，但是它更关注软硬件的运行环境。尽管，应用服务提供商模式降低了用户使用应用软件的成本，然而由于互联网技术的限制，应用服务提供商模式所提供的应用软件服务无法满足用户需求，使应用服务提供商模式的发展受到了一定制约。用户所关注的并不仅仅是低廉的使用成本，还包括应用软件服务的性能。随着云计算技术的诞生，软件即服务的思想逐渐发展和完善。软件即服务模式的目标是实现应用软件的彻底服务化，让用户能够在任何地点、任何时间，通过互联网使用各种各样的应用软件。

2. 软件即服务的诞生

从软件的发展历程来看，软件即服务的诞生有其必然性。互联网技术以及软件技术的飞速发展、软件市场需求的日益增长、软件生产能力的大幅提升、用户对软件核心价值观的转变，必然推动软件的服务化趋势，从而催生了软件即服务这种全新的软件服务模式。

相对于传统的软件服务模式，软件即服务服务商为用户搭建了信息化所需要的网络基础设施及软硬件运行平台，并负责前期实施和后期维护工作。这不仅大幅度降低了信息化的总体拥有成本，还使用户将精力更多地集中在完成用户经营目标等高价值活动中。正因如此，软件即服务一经提出便得到了广大企业用户，尤其是中小型企业用户的广泛关注，并被视为中小型企业信息化的最佳解决方案之一。

云服务商在深入分析软件即服务模式下应用软件与传统应用软件区别的基础之上，围绕软件即服务模式下多租户系统架构及其关键技术进行了大量的研究工作，内容包括软件即服务模式软件结构设计，软件即服务模式数据库架构设计，以及多租户技术、弹性扩展技术，快速部署技术等关键支撑技术。同时，软件即服务的安全性也得到了广泛而深入的研究，目前各大云服务商，如思杰（Citrix）、VMWare、微软等都有软件即服务安全产品线供用户选择使用。

（二）应用虚拟化

1. 应用虚拟化的含义

应用程序虚拟化简称应用虚拟化，指在向用户提供应用软件服务时，使用虚拟化的方式将应用程序与操作系统解耦，剥离了应用程序对操作系统和底层硬件的依赖，使应用程序在一个虚拟的运行环境中运行，并通过多种方式呈现给用户。这个虚拟环境不仅包括应用程序的可执行文件，还包括它所需要的运行环境。尽管应用程序是在云服务商的服务器集群上运行，但是用户能够获得如同使用本地计算机上应用程序的体验。应用虚拟化可以解决终端形态差别、产品升级困难和版本不兼容等问题，因此被纳入云计算框架中，并作为提供服务的主要方式。

2. 应用虚拟化的作用

（1）提高应用的快速部署能力

应用虚拟化实现了应用程序的快速部署，虚拟化后的应用程序通常以应用程序实例的形式存在，拥有自己独立的运行环境，与其他应用程序实例间彼此隔离。用户只需要创建应用程序实例，就能完成应用程序的部署。应用虚拟化让应用程序能够在不兼容的环境下运行。例如，在 Linux 设备上运行 Windows 应用，同时还提供了运行多个不兼容应用程序的功能，并使得这些应用程序不会受到彼此的影响。

(2)提高对应用程序的管理能力

应用程序的统一集中管理有利于策略控制、补丁安装和程序备份，从而极大地提高了应用系统的维护速度，改善了用户体验，减少了管理员的维护内容和工作压力。

(3)提高用户的使用效率

应用虚拟化允许通过不同类型的终端设备连接到应用程序，无论通过企业内部网络还是互联网，用户都可以随时随地地使用应用程序，获得如同在本地计算机上使用应用程序的体验。

(4)提高应用程序的数据安全

在应用虚拟化环境中，数据不是存放在本地，而是统一存放在应用虚拟化服务器所使用的存储中。用户只能在本地通过网络访问应用程序，对应用程序数据进行操作，而无法将数据保存到本地计算机中。同时，应用虚拟化服务器允许对应用程序数据进行加密，从而提高了数据的安全性。集中式的数据存放机制也为容灾备份提供了方便，当遇到不可意料的数据丢失时，可以通过快照文件，还原至上一次备份的结点，并恢复应用程序数据，即可保证业务继续运行，提高了应用程序的抗毁生存能力。

3. 应用虚拟化的优势

(1)对于企业用户的优势

①降低成本；

②提升业务的竞争优势；

③提高数据安全和合规性；

④提高灵活性和响应速度；

⑤提高员工的工作效率；

⑥适应企业的业务增长。

(2)对于IT管理员的优势

①有利于IT资源规划；

②提供一种战略性的应用虚拟化基础架构；

③更轻松地管理和维护应用程序；

④更快地部署新应用；

⑤全天候监控应用性能和可靠性。

(3)对于终端用户的优势

①提供了便于使用，更加可靠的应用；

②减少应用维护的工作量；
③用户能随时随地访问应用；
④不改变用户的使用习惯。

（三）应用安全问题

1. 应用服务商安全问题

应用虚拟化让用户失去了对应用程序和数据的直接控制能力，用户数据以及在应用程序运行过程中生成、获取的数据都处于应用服务商的直接控制下。应用服务商安全问题主要包括以下几个方面。

（1）用户数据泄露

在应用虚拟化环境下，所有用户的数据都存放在应用服务商处，对于应用服务商而言，所有数据都是可见的，他们能够任意操作数据。在这种情形下，可能出现内部人员未经授权就对数据进行非法访问，导致用户数据泄露。所以与其他云计算服务一样，应用虚拟化也要求应用服务商是可信的，并强制执行数据保护策略，实行严格的人员管理。

（2）计算结果不可信

应用服务商可能更改应用程序的计算结果，将虚假数据传送给用户，更为严重的是，应用服务商可能冒充用户身份，执行一些未经用户授权的操作。例如，在提供市场信息的服务中，云服务商如果与另一家企业（受害企业的竞争对手）合谋，在受害企业的市场信息查询中返回伪造的或经过篡改的数据，那么受害企业的决策将受到影响，在激烈的市场竞争中可能遭受严重损失。

（3）隐藏不端行为

应用服务商因有意或无意的原因违背了服务等级协议（因故障或其他因素造成性能损失、系统宕机、程序意外终止等）并造成服务中断或数据丢失。在这种情况下，为避免被用户察觉，应用服务商有可能会修改相关的日志文件、审计数据，制造安全事件未曾发生过的假象，对用户业务及数据具有非常大的安全风险。

2. 架构安全问题

应用虚拟化的技术原理是基于应用/服务器架构（AS架构）的，分离应用程序的人机交互逻辑和计算逻辑，让用户网络访问位于服务器端的虚拟化的应用程序实例共享了服务器端的软件硬件资源。因此，从架构安全的角度来看，应用虚拟化所面临的安全问题主要包括以下两个方面。

（1）共享资源管理

应用虚拟化技术通常将多个用户的数据集中起来并统一管理，因此在同一存储设备上可能存储多个用户的敏感数据。数据的集中存放使攻击造成的危害更大，一旦应用虚拟化服务器遭到破坏，所有用户的数据都处于危险状态之中。一般的攻击手段，如进程劫持、SQL注入以及跨站脚本等，均会对应用虚拟化服务产生安全威胁。

（2）网络安全

无论是部署在企业内部的私有云，还是部署在互联网上的公有云，都面临着诸多网络安全问题，包括DDoS攻击、非法入侵、中间人攻击、重放攻击、流量监听等。

3. 多租户安全问题

在云计算出现之前，多租户的概念就已经在一些多用户的应用程序系统中使用。简而言之，多租户指的就是一个单独的软件实例，可以为多个云用户服务。支持多租户的软件，需要从设计上对其数据和配置信息进行虚拟分区，为每个使用该软件的云用户都配备一个或多个单独的虚拟实例，并且云用户可以对虚拟实例进行个性化定制。多个应用程序实例模式为每个用户提供专用的应用程序实例，这些实例在共享的硬件、操作系统或中间件服务器上运行；单一共享应用程序实例模式用一个应用程序实例支持多个用户。

多租户具有以下几方面优点。

①降低运行成本。多个用户能够共享一个软件实例，降低了整体资源消耗，同时也将降低应用程序的运行成本。

②提高管理效率。多租户软件可以由运营经验丰富的应用服务商提供，用户可以依赖应用服务商的资深管理人员对软件进行管理，在减少管理成本的同时也提升了管理效率。

③易于维护更新。所有用户都同享核心代码，软件更新和维护工作变得更简单，对核心代码的修改将反映至所有用户的虚拟实例。

多租户具有以下几方面缺点。

①软件结构变得复杂。一个软件需要做极大的修改才能支持多租户架构，而且这种修改往往会导致软件的可靠性下降。

②安全风险所导致的危害被放大。多个用户的应用和数据共享同一套软件运行环境，如果发生服务器故障、软件运行故障或者数据泄露等问题，将会造成更加严重的后果。

③多租户模型依赖于规模效应,当用户基数很小时,一个多租户软件仍需要占用大量的 IT 资源。

尽管多租户应用程序在经济性、管理效率等方面具有非常大的优势,但是在隔离和定制化方面仍面临一些尚未解决的安全问题,主要包括以下几方面。

①隔离问题。用户共享同样的基础设施和应用程序实例,共存于同一台物理机上的虚拟机实例或同一个虚拟机上的应用程序实例可能会相互渗透,形成安全隐患。多租户安全需要通过技术手段,防止用户有意或无意地绕过隔离措施,确保对于一个用户而言,其他租户都是不可知、不可见的。因此,在多租户体系结构设计的每个环节,都应仔细考虑功能性和非功能性方面的隔离问题。

②恶意用户攻击。由于用户的应用程序实例都在云数据中心上运行,因此,需要预防恶意用户利用应用程序实例对其他用户的应用程序和数据进行攻击,包括传送恶意代码、发送垃圾数据以及篡改敏感数据等。

③应用定制风险。应用定制通常需要修改代码和重新部署应用程序,在多租户环境下,多个用户共享同一个应用程序实例,如果一个用户进行个性化定制,其他租户的服务就可能会受到影响,而且在更新期间可能会中断服务。随着用户数量的增加,这种中断可能会越来越频繁,导致非常严重的服务可用性问题。

(四)应用安全防护措施

1. 数据隔离

在数据传输上,可以采用 VPN 加密、SSL 加密等技术来保证应用数据的安全。在数据存储方面,不同用户间的数据必须进行隔离,以避免非授权的交叉访问,同时应支持后台数据的完整性检查,并提供定时备份和恢复功能。

2. 身份认证

在用户访问应用程序时,应对用户身份进行验证,并支持主流的身份认证手段,包括活动目录(Active Directory)、活动目录联合服务(Active Directory Federation Services)、RADIUS、Kerberos 等。另外,用户单点登录技术可以提供全面的密码管理和控制,这种技术支持自动登录、密码强度控制、策略管理、自助口令重设等功能。用户只需要登录一次,就能够安全地启动多个由应用虚拟化服务器提供的、受身份认证保护的应用程序。

3. 访问控制

访问控制是在对用户进行识别和认证的基础上,判断是否允许用户访问应用程序,并以此限制用户对应用程序的访问能力。应用程序的访问控制应支持为单个用户或用户组设置细粒度的访问控制策略,以确定用户对硬盘、打印机、串口和剪贴板功能等的使用权限,防止在未获授权情况下从应用虚拟化服务器上下载和复制数据。

4. 综合监控

针对误用和恶意攻击行为,使用综合监控、跟踪和审计技术进行安全防护。通过会话映射技术,实时复制并显示指定用户会话,用于故障排除或用户活动监视;通过智能审计技术,录制用户访问在线应用时的屏幕活动,并对视频文件进行综合分析,以有助于规范用户行为,减少安全风险和排除系统故障;通过日志记录,保存应用虚拟化服务器的每次配置更改,规范管理员的操作行为;通过生成安全报告,揭示用户活动的状态及其趋势,并将阶段性的安全汇总结果有选择性地呈现给管理员,以有助于改进安全策略的部署,并可以作为法律裁定的根据。

二、虚拟桌面安全

(一)虚拟桌面的发展

1. 无盘工作站

无盘工作站是一个没有硬盘的工作站或个人计算机,它通过网络从服务器端载入和启动操作系统,无盘工作站只执行操作,不执行存储。无盘工作站的运行环境要求在局域网内有一个系统服务器,这台系统服务器上除了有自身运行所需的操作系统外,还提供其他工作站运行所需的操作系统。

最早的无盘工作站是 UNIX 的字符终端,一般用于教学或演示示范使用。早期的大多数无盘系统都采用诺威尔 Netware3 作为服务器的操作平台,无盘工作站以 IPX 方式登录,并运行 DOS 操作系统,随后使用 Windows 操作系统的无盘工作站得到应用,并逐步成为主流。无盘工作站的优势在于方便管理、运行速度快、安全性强,对终端的破坏不会影响操作系统运行;但其劣势是配置复杂、成本较高、容易引发单点故障等,因此应用领域有限,主要在某些特定场合中使用。

2. 远程桌面

远程桌面是软件或操作系统所提供的一种功能,它使得桌面环境能够在远程的计算机或服务器上运行,并允许用户使用其他的客户端设备显示桌面。

Windows 的远程桌面使用了远程桌面协议（RDP），使得用户可以从其他的计算机上远程登录、访问与使用目标桌面。RDP 最早作为微软 Windows Server 上终端服务的访问协议，它实现了 Windows Server 上的多用户模式，使用户能够在本地并不安装任何应用的条件下，就能远程使用服务器上的各种应用。RDP 将服务器上的运行界面传输到用户实际使用的设备上，并将键盘、鼠标等一系列的外设输入传输到服务器，实现交互。

3. 第一代桌面虚拟化

随着服务器虚拟化技术的成熟和服务器计算能力的增强，服务器已具备运行多个桌面操作系统的能力。以四个八核 Intel Xeon E5CPU 2.6 GHz、128 GB 内存的服务器为例，如果为每个用户的操作系统 Windows 8 分配 2 GB 内存，那么一台服务器就平均可以支撑 50~60 个桌面操作系统运行。从采购成本来看，50~60 台个人计算机的采购成本远远高于一台服务器的成本，所以桌面虚拟化能降低资金投入。

早期桌面虚拟化技术的原理是把操作系统在个人计算机上运行迁移到服务器上的虚拟机中运行，并让用户通过远程访问协议使用自己的桌面系统，用户操作虚拟桌面就像在本地操作桌面一样，能使用应用程序、存取磁盘，甚至访问打印机。这一时期桌面虚拟化厂商的关注焦点集中在远程访问协议的高效性上，即如何能够实时、完整地将远程虚拟机的桌面环境传输到用户设备上。每个用户使用的虚拟机都以独立的镜像文件形式存储在服务器端，用户的大部分操作都会修改镜像文件内容。

第一代桌面虚拟化将用户桌面环境与操作系统实际运行环境分离，增加了用户使用的灵活性，又实现了用户桌面的集中管控。但是，由于只是将每个用户的计算机变为一个独立的虚拟机，这种集中管控并没有降低管理人员的工作量，反而增加了单点故障修复、备份恢复、系统及软件升级等的工作量。而且，大多数用户虚拟机的操作系统和软件都是相同的，每个虚拟机都以独立的镜像文件进行存储，将浪费大量的服务器存储空间。

4. 第二代桌面虚拟化

第二代桌面虚拟化技术也是当前应用最为广泛的桌面虚拟化技术。在第一代桌面虚拟化技术的基础上，第二代桌面虚拟化技术进一步实现了桌面系统的运行环境与安装环境的拆分、应用与桌面的拆分、配置文件的拆分，从而大大降低了管理复杂度与成本，提高了管理效率。

第二代桌面虚拟化技术引入镜像模板机制，由同一镜像模板创建的虚拟机与该模板共享一个镜像文件，服务器端不需要为每个虚拟机都保存一份完整的镜像文件，只需要差异化数据。例如，用户配置信息、个人文件以及个人应用程序等。镜像模板机制大大降低了对存储的需求（多余的操作系统文件和应用程序文件都被削减），降低了采购和维护成本，更重要的是显著提高了管理效率，管理员只需要对镜像模板进行维护，更新镜像模板的操作系统和应用程序，所有用户都能及时获得更新。

桌面虚拟化与应用虚拟化相比，应用虚拟化具有较长时间的技术积累，经过了大规模测试部署和企业验证，在运行过程中处理器占用率较低，对存储支持的兼容性好，部署方式简单，能够支持高并发数用户的同时，使用管理成本较低。桌面虚拟化实现了桌面环境交付，可以看作应用虚拟化与服务器虚拟化的集成，实现了更加强大的功能，其代价是对带宽要求较高，支持的并发数少，服务器压力远大于应用虚拟化，部署和管理较为复杂。应用虚拟化和桌面虚拟化各有优劣，企业可以根据实际情况选用。

（二）桌面虚拟化的工作程序

1. 提取核心系统

数据中心将根据用户需要，提供不同类型、不同版本的操作系统供用户选择。数据中心将提取各操作系统的核心部分，该部分包含用于启动的操作系统文件及支持应用程序运行的必要环境，是标准的、易于管理的，相对精简、纯净的操作系统镜像，该类镜像可作为供用户使用的镜像模板。

2. 提取应用程序

根据企业、单位和个人用户的软件需求，提供多种类型的应用程序供用户选择，这些应用程序包括办公自动化软件、开发工具、商用软件或用户自定义的应用程序，它们由可执行文件和必需的函数库、资源组成，可以在指定类型和版本的操作系统环境下运行。应用程序除具备缺省启动模式外，还可以根据配置文件，实现界面或功能的动态自定义能力。

3. 配置用户目录

为了实现桌面虚拟化的灵活性，用户拥有一定量的磁盘空间用于存储操作系统的配置、各应用程序的个性化设置和用户数据，这些数据在桌面注销后仍然存在，并在下一次桌面加载前被读取，使得桌面再次启动后还原至上一次注销时的状态（包括桌面窗口、系统进程、应用程序状态等），便于用户立即恢复工作。

4. 管理用户权限

在员工较多的企业中，为每一用户配置虚拟化环境将是一项较为繁重的工作，考虑到员工可以按照工作性质分为若干个组，每一组成员使用相同的应用程序，虚拟化管理员能够将所有用户指派到一个或多个用户组中，并为每个用户组指定操作系统镜像和应用程序列表。

在数据中心完成以上工作后，用户即可实现对虚拟桌面的访问。用户提供账号/密码或数字证书，通过客户端登录界面，提交至虚拟桌面服务器，验证通过后，虚拟桌面服务器将操作系统镜像、应用程序文件和用户目录组合在一起，启动该用户的桌面虚拟机，并对虚拟机的桌面图像进行压缩编码，将压缩后的图像数据发送给客户端。客户端还原压缩编码后向用户显示桌面图像，同时把用户的交互操作发送至虚拟桌面服务器。整个桌面虚拟化过程让用户感觉如同在操作本地计算机上一样。

（三）桌面虚拟化的特点

1. 灵活使用

使用桌面虚拟化技术，用户可以远程访问桌面环境，获得与本地计算机一致的体验，管理员只需要在数据中心就可以轻松完成所有的管理工作。桌面虚拟化实质上是将用户使用与系统管理进行有效分离，用户对桌面的访问不需要被限制在具体设备、具体地点和具体时间上。通过任何一种满足接入要求的设备，用户就可以访问桌面。

2. 设备广泛

由于所有的计算处理都在服务器上进行，对终端设备的要求大大降低，台式机和笔记本电脑不再显得那么必要。智能手机、平板电脑、个人计算机，甚至于电视都成为可用的终端设备。通过这些终端设备，用户就能够随时随地访问桌面或者应用。

3. 成本降低

桌面虚拟化技术带来的直接好处就是终端设备的使用成本降低。终端设备的报废周期一般被延长至 6～8 年，是普通个人计算机的 2 倍，减少了二次资金投入。另外，被淘汰的个人计算机的使用周期也被大大延长，只要外设接口完好，就可以作为桌面虚拟化的终端设备，不仅节约资金，还减少了电子垃圾。

4. 使用安全

在传统模式下，企业的重要数据往往都保存在各个用户的计算机里，每个用户计算机都存在很大的安全风险。在桌面虚拟化模式下，所有桌面的管理和配置都在数据中心集中进行。管理员可以在数据中心对所有桌面和应用进行统一配置和管理，如系统升级、应用安装等，避免了传统方式下由于终端分散所造成的管理困难和高昂的成本。在虚拟化桌面的运行过程中，由于数据的存储和计算都由数据中心统一处理，传输的数据只是最终运行的桌面图像，因此，敏感数据不会通过网络进行传输，所以增加了系统的安全性。另外，管理员只需要进行简单的配置操作，就可以防止用户将数据下载到客户端，让用户不能复制和传播敏感数据。当然，在必要的时候，虚拟桌面也支持用户虚拟机在不同服务器间迁移，以满足不同场景下的用户需求。

5. 节能减排

传统个人计算机的功率一般在 200 W 以上，而瘦客户端（Thin Client）的功率约为 20 W，耗电量只有传统个人计算机的 1/10。尽管桌面虚拟化服务器的计算压力会带来耗电量一定程度的上升，但是与数量巨大的客户端相比，服务器的耗电量已经可以忽略了。有研究表明，桌面虚拟化能使一年的电费降低 90%，而耗电量的减少意味着节能减排，适应了低碳时代的要求。需要注意的是，桌面虚拟化的优势是具有规模效应的，终端数量越多，优势越突出、收益越大。

（四）桌面虚拟化安全问题

桌面虚拟化实现了用户桌面的服务化，用户能随时随地地使用终端设备，连接到自己的虚拟桌面。但桌面虚拟化的安全问题也不容忽视，恶意攻击会造成硬件资源与应用系统的损坏。桌面虚拟化的安全问题主要包括以下内容。

1. 登录安全问题

用户通过网络登录虚拟桌面服务，攻击者可以通过暴力破解、网络窃听、中间人攻击等手段获取用户账户密码信息和鉴别凭证。

2. 协议安全问题

在用户使用虚拟桌面的过程中，攻击者可以通过各种网络攻击、窃取和修改用户信息与应用数据，进而非法访问用户的虚拟桌面，或通过桌面传输协议的安全漏洞向协议数据包嵌入恶意代码，危及桌面虚拟机及虚拟桌面管理平台的安全。

3. 数据隔离问题

由于多个用户的虚拟桌面共享存储、计算等基础设施，如果不能对不同用户的虚拟桌面系统进行有效隔离，恶意用户就可以访问其他用户的虚拟桌面，并可以改变虚拟桌面原有设置、窃取其中的隐私数据等。

4. 数据丢失问题

提供虚拟桌面服务的数据中心可能受到病毒等人为攻击或地震、火灾等不可控的物理灾害，导致用户数据丢失。如果用户数据丢失，而且数据没有备份，那么用户的数据就无法完全正确恢复。

（五）桌面虚拟化防护措施

1. 身份认证

安全的虚拟化桌面服务依赖于用户的身份认证，使得合法用户能够访问桌面，同时拒绝非法用户使用虚拟桌面服务。然而，在此过程中，通过账号/口令或数字证书进行身份验证，通过用户权限表进行访问控制。恶意攻击者可能通过攻击桌面虚拟化登录模块，盗用用户登录信息，非法获取用户权限。

用户认证方式主要包括 MAC/IP 地址绑定、用户名/口令、数字证书等。MAC/IP 地址绑定适用于局域网内主机地址及绑定关系都已经预分配好的场合，用户不用记忆账号和口令，但由于 MAC 及 IP 地址可以伪造和修改，因此存在用户桌面被他人劫持的风险。

用户名/口令方式用于一般的认证场合，其安全性依赖于口令的强度，除严格规定口令长度以及必须包含特殊字符等限制外，还需要每隔一定时间强制要求用户更换口令。

数字证书方式可以实现较高的登录安全性，尤其是使用 USB Key 和用户名/口令的双因子认证，用户不仅要提供认证设备，而且必须提供口令才能够成功登录，这种方式能够极大地降低恶意攻击者的威胁，保证登录过程的安全。

抵御恶意登录攻击的手段还包括：为了防止口令猜测攻击，限制密码错误的次数并发出警告，同时将警告记入日志；为了防止自动登录攻击，可以使用验证码；为了防止冒用其他用户桌面会话的情况，可以每隔一段时间要求重新认证。

用户与操作系统、应用程序的对应关系存放在虚拟桌面管理平台的配置文件中，配置文件决定了用户能够使用的操作系统和应用程序，同时，用户虚拟桌面启动时，载入的应用程序还与全局安全策略相关。

2. 协议安全

桌面虚拟化采用的桌面传输显示协议主要用于用户交互数据传递和桌面视频流推送。在用户名、口令、桌面图像等数据封装在协议中传送时，如果没有良好的安全措施保护，这些数据就可能被窃听；如果协议中包含漏洞，嵌入协议数据包的恶意代码将危害桌面虚拟机及虚拟桌面管理平台。

桌面虚拟化的两大提供商思杰和微软分别支持 ICA 和 RDP。从网络 OSI 模型的角度来看，ICA 协议和 RDP 都位于传输层之上，但 RDP 协议只能以 TCP/TP 协议为基础，而 ICA 协议能够适用于 TCP/IP、IPXSPX 和 NetBEUI 等多种协议。RDP 源自思杰的无框架（Meta Frame）产品和生命周期协议，但仅包含其中少部分基础功能。RDP 的主要优势在于连接速度更快、安全性高、服务器可管理、易于维护、支持多种类型的外设等。

从安全角度来看，协议安全的考虑要素包括鉴别机制、加密机制、完整性校验机制和抗重放机制等。

①鉴别机制：要求能够在协议中实现客户端和服务器端的身份鉴别，用户认证信息，如数字证书，可以封装在协议中并进行传输。如果要鉴别服务器身份，则终端在网络连接建立之后会发起认证请求，这个请求消息包含自身可实现的认证方式列表和其他一些必需的额外信息。服务器收到请求后将确定此次登录使用的认证方式，之后才发送服务器证书。默认情况下，终端可以根据该证书的相关内容对服务器身份进行鉴别。同时，服务器还可以使用类似的方法实现对终端身份的鉴别。

②加密机制：使用混合密码体制可以提供会话和数据传输的加密保护，在终端与服务器的握手过程中，双方可以使用非对称密码算法协商出本次会话使用的会话密钥，同时选择一种对称加密算法用于后续数据传输的加密保护。非对称密码算法用于保证密钥协商过程的安全，而对称加密算法由于具有更高的加密效率，能提高数据交换的时效性，主要用于保护数据传输的安全。在虚拟桌面的使用过程中，如果终端或服务器感知到安全威胁，则可及时调整会话密钥及相关参数。

③完整性校验机制：用于桌面虚拟化的传输协议还应支持消息认证码机制。在对传输数据进行分片压缩后，使用单向散列函数产生一个消息认证码，消息认证码与主体数据一起加密后传输，保证了数据的完整性。如果数据在传输的过程中被非法修改，就无法和原来的 MAC 值相匹配，终端在发现后可以拒绝接受这批数据。

④抗重放机制：桌面虚拟化传输协议可以采用随机数、时间戳、提问与应答的方式来防止报文重放攻击。通常，每个虚拟桌面在使用过程中都采用随机数来标记桌面会话，该随机数被加密后作为数据包的附加信息和数据包一起发送给终端，终端对随机数的有效性进行验证，从而阻止报文重放攻击。

3. 数据隔离

在传统模式下，用户的数据存放在各自计算机的硬盘里，计算机与计算机间只能通过网络进行信息交互，这样实现了用户数据的相互隔离。在桌面虚拟化环境中，多个用户的数据统一存放在服务器端，这些用户的数据可能存放在同一物理服务器甚至同一磁盘分区。通过划分出若干独立的存储区域，分别存储操作系统镜像、应用程序文件及用户数据，利用防交叉读写机制来确保数据安全。

多个桌面虚拟机可能运行在同一台物理服务器上，如果没有采取良好的隔离措施，则可以通过桌面虚拟机对虚拟机管理器或其他虚拟机进行攻击，从而造成严重的数据泄露。因此，虚拟机管理器主要通过虚拟隔离机制以及强制访问控制手段来确保桌面虚拟机的安全隔离。

4. 备份与容灾

备份与容灾对虚拟桌面的可用性和可靠性至关重要。虚拟化数据中心是所有桌面虚拟化用户数据的汇聚点，服务器的崩溃会导致所有桌面服务不能使用，因此对桌面虚拟化而言，首先需要支持冗余机制，采用多副本方式对操作系统镜像、应用程序文件及用户数据进行存储，其次还需要对这些数据进行定期备份，使得数据中心受到病毒等人为攻击或地震、火灾等不可控的物理灾害时，也能够恢复出数据。

三、云终端安全

（一）终端机安全

1. 终端机的含义

终端机指的是在客户端—服务器网络体系中的一个基本无须应用程序的计算机终端。它通过一些协议和服务器通信，进而接入局域网。瘦终端将其鼠标、键盘等输入传送到服务器处理，服务器再把处理结果回传至桌面云终端显示。不同的瘦终端可以同时登录到服务器上，模拟出一个相互独立又在服务器上的工作环境；与此相反，普通客户端会尽可能多地进行本地数据处理，与服务器（或其他客户端）的通信中只传送必要的通信数据。

2. 终端机的形态

终端机的形态主要有三种：瘦终端、零终端（Zero Client）和一体机（All-in-One Client）。瘦终端使用低功耗处理器的硬件平台，裁剪后的操作系统以及虚拟桌面客户端软件，实现虚拟桌面协议解码和信息输入，为用户提供虚拟桌面交付。零终端是一种无通用处理器、无本地硬盘、无通用操作系统的终端设备，该终端通过专用硬件协议处理芯片，实现虚拟桌面协议解码和信息输入，为用户提供虚拟桌面交付。一体机把瘦终端的硬件平台、操作系统以及虚拟桌面客户端软件集成到了显示设备中，实现了虚拟桌面协议解码、显示和信息输入，为用户提供虚拟桌面交付。

3.终端机的安全问题及防护措施

桌面虚拟化虽然降低了终端复杂度，节约了部署及维护成本，但其安全问题也比较突出，特别是一些对安全保密要求较高的场合，仍然存在一些急需解决的问题，以下给出主要的安全问题及其相应的防护措施。

大部分终端机缺乏多因子认证手段，其身份认证与访问控制主要采用基于口令的弱认证机制，存在终端被非法使用的风险。终端机可以采用 USB Key+口令、生物特征识别+口令、证书+口令等双因子认证方式，来保障终端机的登录安全。

终端机与虚拟桌面服务器之间传输各种数据，包括桌面图像、音频数据、键盘鼠标操作等，尽管桌面显示传输协议已经采取了一些安全保护措施，大部分终端机与服务器之间的传输无法使用硬件加密机制，仍然存在窃听、重放、插入等安全风险。终端机可以利用加密卡或加密机等安全设备对桌面显示传输协议进行保护，以实现传输数据的硬件加密，提高数据传输的安全性。

终端机一般采用嵌入式操作系统，具备本地计算与缓存能力，因此在本地可能会存在数据残留，导致攻击者在数据被删除之后还可以通过技术手段恢复出原有数据。终端机可以利用数据擦除技术对用户数据、配置信息、使用过的内存数据进行彻底擦除和及时销毁，确保不能通过技术手段恢复出原有数据。

桌面虚拟化服务器的访问控制、安全审计等防护措施主要针对桌面虚拟机，而缺乏对终端机的安全管控能力，造成安全管理的难度增大。通过对终端上的 USB 端口、PCI-E 插槽连接和使用输入/输出设备进行管控，禁止终端机随意连接输入/输出设备进行数据输入/输出操作，并通过日志记录终端机的各种行为（包括用户交互操作、互联网访问等），确保用户安全合法地使用终端机。

（二）客户端与浏览器安全问题与防护措施

1.客户端与浏览器安全问题

云应用通常有两种接入方式，即客户端软件和浏览器，随着 Web 2.0 技术的发展，Web 2.0直接影响了用户的操作习惯，用户更加习惯通过浏览器访问云应用，使用云端所提供的各种应用服务。根据开放式Web应用程序安全项目（OWASP）的威胁模型。攻击要素包括攻击代理、攻击向量、安全弱点、安全控制、技术影响和业务影响等，这些要素构成的集合形成了不同的攻击路径。

恶意攻击者沿着特定的攻击路径对客户端或浏览器发起攻击，通过某种攻击代理，采用某种攻击向量（攻击手段），针对客户端或浏览器的安全弱点和安全控制措施进行攻击，从而对IT资产、系统功能、业务等造成负面影响。每种攻击路径都代表了一种风险，其中，有些风险可能危害非常严重，有些风险则可以被忽略。

为了对用户所面临的风险进行评估，需要综合考虑风险对IT资产、系统功能、业务等所造成的影响，并结合攻击代理、攻击向量和安全漏洞，预估风险发生的概率和可能造成的危害。开放式Web应用程序安全项目总结了最可能、最常见、最危险的十大应用安全风险。

（1）注入式攻击

当不可信的数据作为命令或者查询语句的一部分被发送给解释器的时候，这些攻击就会发生。攻击者发送的恶意数据可以欺骗解释器，执行计划外的命令或者访问未被授权的数据，如SQL、操作系统以及轻量目录访问协议（LDAP）注入。

（2）跨站点脚本

当应用程序收到不可信的数据，且在没有进行适当验证和转义的情况下将它发送给网页浏览器时，就会产生跨站点脚本攻击。该类攻击允许攻击者在受害者的浏览器上执行脚本，从而劫持用户会话、危害网站或者将用户转向恶意网站。

（3）无效的身份认证和会话管理

与身份认证和会话管理相关的应用程序功能往往得不到正确的实现，导致攻击者破坏密码、密钥、会话令牌或通过其他的漏洞，冒充合法用户身份。

（4）不安全的直接对象引用

当开发人员泄露内部对象的引用，如文件、目录或者数据库密钥，就会产生一个不安全的直接对象引用。在没有访问控制检测或其他保护措施时，攻击者能够通过这些引用信息，非法访问未授权数据。

（5）伪造的跨站点请求

通过各种途径使用户的浏览器将伪造的HTTP请求、用户的会话Cookie及其认证信息发送到存在漏洞的Web应用程序，从而使得用户的个人信息、安全信息等发生泄露。

（6）安全配置错误

完善的安全保障体系需要一套经过精心定义及部署的配置方案，其对象包括系统框架、应用程序浏览器、应用程序服务器、Web 服务器、数据库服务器等。然而，大多数情况下，用户会直接使用安全保障系统的默认设置，而其中有许多项并未被正确配置，包括全部软件的及时更新以及应用程序所要调用的全部代码库。

（7）不安全的加密存储

许多 Web 应用程序并没有使用恰当的加密措施或 Hash 算法来保护敏感数据，如信用卡信息、身份认证证书等。攻击者可能利用这些受弱保护的数据实行身份盗窃、信用卡诈骗或其他犯罪活动。

（8）不限制访问者的 URL

许多页面应用程序在转向那些受保护的链接之前，都会对访问者的 URL 进行检查。然而，应用程序其实需要在每一次接收到页面访问请求时，都进行一次这样的检查，否则攻击者们将可以通过伪造 URL 的方式随意访问隐藏页面。

（9）传输层的保护力度不足

一些应用程序没有身份认证措施、加密措施，甚至也没有保护敏感数据的机密性和完整性的手段。即便有一些安全方面的考虑，大部分应用程序也仅采用低强度的加密算法，或者使用过期无效的验证信息，这使得信息安全形同虚设。

（10）未经验证的重定向和转发

Web 应用程序经常将用户重定向或转发到其他网页和网站，如果没有得到适当的验证，则攻击者可以重定向受害用户到钓鱼网站或恶意网站。

2. 客户端与浏览器防护措施

上述安全风险也同样适用于云应用，但是由于云应用自身的特点，无效的身份认证和会话管理、安全配置错误、传输层的保护力度不足这三类风险尤为突出。针对这些安全风险，客户端和浏览器需要采用如下安全防护措施。

①客户端和浏览器应该采用多因子认证，支持 USB Key 或生物特征识别等强身份认证手段，保证用户身份的合法性，同时，对过期的授权信息应及时销毁，保证授权信息不被盗用。

②运行客户端软件和浏览器的操作系统也需要采取必要的防护措施，如及时安装系统补丁、防火墙、病毒和恶意代码防护软件等，避免攻击者利用系统

漏洞植入恶意代码,发起各种攻击行为,影响云应用的正常使用和运行。

③客户端和浏览器应支持加密传输通道,在访问云应用时,通过高强度的加密算法对敏感数据进行加密,防止这些数据被攻击者盗用。

四、代表性产品

(一)NetScaler

NetScaler 是思杰公司提供的云应用网关,它在满足云应用的安全需求的同时,还提供了负载均衡功能。NetScaler 对桌面虚拟化/应用虚拟化环境具有安全保护功能、流量交换功能和通信优化功能,具体描述如下。

(1)安全保护功能

NetScaler 的安全保护功能可以确保 Web 应用免遭应用层攻击,从而防止恶意用户窃取、泄露数据。NetScaler 允许合法的客户端请求并且阻止恶意的请求。它提供针对拒绝服务攻击的内置防御措施,通过控制应用流量,避免短时间内流量的暴涨,导致服务器失去响应。NetScaler 还包含一个高可用的内置防火墙,防御缓冲区溢出、SQL 注入尝试和跨站点脚本攻击等威胁,并提供敏感数据加密功能。

(2)流量交换功能

NetScaler 的流量交换功能使其可以有效地管理应用产生的流量。部署在应用服务器的前端时,NetScaler 通过均衡客户端请求的方法确保实现最佳的流量分配,将客户端请求送往适当的服务器,从而提高应用的整体可用性。

(3)通信优化功能

NetScaler 的通信优化功能采用 TCP 优化技术,支持多个透明的 TCP 连接优化,从而减轻由高延迟和网络链路拥塞引起的问题,加快应用交付,同时无须对客户端或服务器进行配置更改,使管理操作更简便灵活。

(二)Skyfence

Skyfence 是 Imperva 公司的云应用安全网关,通过云端的应用程序编程接口(API)和用户端安装的代理程序,实现数据流量监控、API 管理、应用监控等功能,让企业的 IT 人员能掌握使用云中数据和应用的情况,帮助 IT 人员进行规划和制定针对软件即服务应用的安全策略。

Skyfence 云应用安全网关具有自学习功能,它能够学习用户访问云应用的行为,包括用户访问云应用的位置、IP 地址范围和数据访问模式等。通过对用户访问行为数据进行收集和分析，为用户建立一个独有的动态指纹。在用户与云应用的交互过程中，Skyfence 云应用安全网关通过指纹匹配来检测用户是否行为异常，并对异常行为进行告警和阻断，同时，该网关还可以用来检测来自外部攻击者和内部恶意用户所发起的各种攻击。

Skyfence 云应用安全网关可以与微软的活动目录等访问控制软件进行协作，采用基于企业的角色控制来控制用户对云应用的访问。Skyfence 可以提取每一步操作中的用户名和与其相关的内容，来确定哪些内容是来自活动目录的，然后为其提供相应的支持，同时不会妨碍活动目录的正常使用。

（三）AirWatch

AirWatch 是一家在 2003 年成立的移动终端管理软件公司，在 2014 年被 VMware 收购，融入 VMware Workspace 套件中。如果用户对移动办公需求较大，就可以单独购买该产品。AirWatch 可以提供无缝的用户使用体验，支持用户自助访问应用和自由选择功能强大的移动设备，从而让用户保持高效工作。AirWatch 的主要功能如下。

①单一身份标识：AirWatch 能利用 VMware Identity Manager，从任意设备对任意应用进行访问。

②企业资源访问：利用 AirWatch，终端用户可以自动连接到企业网络，包括 Wi-Fi 和 VPN。

③提高工作效率：AirWatch 可以向终端用户设备交付关键业务应用，包括本机应用、Web 应用、移动应用、Windows 应用、虚拟应用，从而可以提高用户的工作效率。

④内容协作：借助 AirWatch Content Locker，终端用户在单个应用中即可通过移动应用、桌面客户端和 Web 门户访问相关内容并进行协作。

⑤设备选择：AirWatch 对多种终端设备都提供支持，能保证用户可以使用他们最得心应手的设备。

⑥自助服务：AirWatch 支持通过自助式门户，对终端用户设备进行管理和控制，减轻了 IT 人员的负担。

（四）电科凌云安全虚拟桌面

电科凌云安全虚拟桌面是中国电子科技网络信息安全有限公司基于自主研发的云计算信息基础软硬件设备，打造的一体化安全桌面产品。该产品以高安全性和易管理性为设计理念，简化了桌面管理，减少了基础设施成本，具备数据加密、数据防篡改、数据擦除、双因子认证和可视化管理等特点，可以帮助客户轻松实现办公环境从传统的信息系统架构向虚拟桌面环境转型，满足信息系统的多级别安全需求。电科凌云安全虚拟桌面主要由虚拟化平台、安全虚拟桌面管理系统和云终端三部分组成。

①虚拟化平台：通过对服务器、存储和网络资源进行统一虚拟化和统一调度，将原本静态分布的计算资源、存储资源和网络资源抽象为按需分配、易于管理的逻辑资源，并从服务器、存储、网络和虚拟机等多个层次，采用安全域划分、存储域分区、内存隔离等方式实现虚拟机的安全隔离。

②安全虚拟桌面管理系统：安全虚拟桌面管理系统对虚拟机进行统一管理和集中监控，对安全策略进行统一下发和对虚拟机行为进行集中监控，并利用虚拟机模板技术，批量部署虚拟桌面，其主要包括安全虚拟桌面管控、虚拟机安全增强、虚拟机行为管控和云终端管控四个部分。安全虚拟桌面管控为用户提供安全虚拟机、安全虚拟桌面以及资源管理能力；虚拟机安全增强主要负责虚拟桌面自身的安全，提供虚拟桌面镜像加密、完整性保护和虚拟桌面剩余信息擦除等功能；虚拟机行为管控主要负责虚拟机的行为监控和审计，并提供用户操作的管控与审计；云终端管控负责云终端的安全接入，提供云终端网络准入管控以及云终端的外设与行为管控。

③云终端：云终端的形态主要包括一体机、瘦终端和移动设备，为用户提供虚拟桌面的显示输出，以及接收用户的键盘鼠标输入。云终端采用基于TLS加密的高安全桌面显示协议进行信息传递，并根据终端管控策略，允许或禁止USB设备等外设重定向至虚拟机，支持双因子认证、单点登录、云终端违规外联告警、防非法拆卸等功能。

电科凌云安全虚拟桌面将用户的桌面环境与其使用的物理设备解耦，通过桌面虚拟化生成大量的独立的桌面操作系统，通过安全的桌面显示协议为用户交付高清桌面，从而让用户获得如同使用本地计算机的体验，使用户能够在任何时间、任何地点、任何设备上访问自己的桌面、应用与文档。该产品能够广泛地运用于政府、教育、医疗、金融等多个行业，满足各种办公场景下的不同安全需求。

第二节 云数据安全

一、数据安全目标

（一）机密性

机密性是指数据不被泄露给非授权用户、实体或过程，或被其利用的特性。机密性不但包括数据内容的保密，还包括数据状态的保密。在云计算环境中，数据的机密性主要涉及以下三个方面的问题。

1. 访问控制机制

访问控制机制由认证和授权组成。云服务商通常使用较弱的认证机制，如用户名和密码，提供给用户的授权机制也比较粗糙，达不到较好的细粒度控制。对于较大的组织，这种粗糙的授权会带来较大的安全问题。

2. 数据加密机制

加密是数据保护最基本的手段之一，但目前仅有部分云服务商提供了云端的数据加密功能，大部分云服务商需要用户自己负责数据的加密工作。云服务商应提供多种通过正式标准公开检验的加密算法给用户使用，用户考虑云中数据加密方案时要注意加密算法的强度、密钥的长度以及密钥管理问题。根据 NST 的标准，对于 DES 算法，密钥长度不得小于 112 位；对于 AES 算法，密钥长度不得小于 128 位。

3. 密钥管理机制

对于云服务商而言，管理众多用户密钥是一件复杂而困难的事情。通常，云服务商仅提供一个密钥来加密一个用户的所有数据，或者使用一个密钥来加密所有用户的所有数据。这种做法简化了云计算环境中密钥管理工作的复杂度，但是大大增加了密钥丢失或泄露所带来的危害。

除了采用密码技术，还可以有一些其他技术手段可以用来保护数据的机密性，相对于密码技术而言其处于辅助地位，如数据遮挡、改写、截断、符号化、匿名化等。这些技术手段还没有统一的业界标准，有些还不能投入商用，目前仅有符号化方法被一些国外的新兴云安全厂家采纳，用于保护云计算环境中数据的安全。

上述的机密性措施都是传统的数据保护方法，主要针对静态数据的保护，但还不能解决处于使用状态的数据的安全问题，如在运算和检索过程中对数据提供保护。

（二）完整性

完整性是指数据未经授权不能进行更改的特性，即数据在存储或传输过程中保持不被偶然或蓄意地删除、修改、伪造、乱序、重放、插入等破坏或丢失的特性。完整性与机密性不同，机密性要求数据不被泄露给未授权的人，而完整性要求数据不致受到各种原因的破坏。

确保数据完整性最简单的方法就是使用单向散列函数。基于单向散函数的完整性校验机制在数据量较小时非常有效，但当用户存储在云中的数据达到吉级别或更多的时候，用户如何检查存储在云中数据的完整性成为一个严峻的问题。如果用户自己下载数据并检查完整性，数据的传输成本会非常高，还受到用户带宽的限制。如果在云端直接对数据完整性进行校验，则在完整性校验过程中，恶意攻击者很可能会非法获取用户数据所存放的物理设备、物理位置等敏感信息。而且云中数据的存储是动态变化的，这使得传统的数据完整性校验方法并不能完全适用于云计算环境。

（三）可用性

可用性是数据可被授权实体访问并按需求使用的特性。例如，在授权用户或实体需要数据服务时，数据服务应该可以使用，或者当信息系统部分受损或需要降级使用时，仍能为授权用户提供有效服务。目前，主要有三项安全威胁影响数据的可用性，这些威胁都是传统计算环境中就存在的，但云计算的出现使它们所产生的负面影响变得更加严重。

①网络攻击：与传统信息系统一样，云计算环境中的数据面临网络攻击的威胁。大量的非正常请求将阻塞数据通道，使用户的正常数据访问不能按时完成，导致服务质量下降。网络攻击还可以伪造用户身份或利用系统漏洞发起攻击，篡改、删除用户数据，或盗窃企业机密。

②云服务中断：近年来发生了一系列云服务中断事件，如亚马逊 S3 服务中断事件、谷歌的服务中断事件、凯博耐特（Carbonite）公司的存储服务中断、Coghead 突然关闭云服务等。这些云服务中断事件会使得存储在云中的数据面临丢失的风险，用户需要考虑在发生这类事故的情况下，如何保证自己的数据不会受到影响。

③安全策略配置不当：由于访问控制、权限管理、资源隔离等安全策略配置不当，致使用户在操作自己的数据时，有意或无意修改、删除其他用户数据，造成用户数据被破坏，甚至内部人员可以绕过安全策略执行非法操作，严重破坏用户数据的可用性。

（四）安全生命周期

数据的安全生命周期从数据生存的时间轴来阐述数据安全。整个生命周期包含以下 6 个阶段。

①创建：数据的产生过程，数据库的更新也包含在此步骤中。

②存储：把数据保存到存储介质的过程，通常和创建同时发生。

③使用：数据在应用程序中被浏览、处理或进行其他形式的操作。

④共享：数据在拥有者、使用者合作者之间的交换过程。

⑤存档：将极少使用的数据转入长期的存储状态。

⑥销毁：将不再使用的数据彻底删除，并擦除其所占用的物理存储空间。

6 个阶段的循环不一定是一个完整的、每个步骤都齐全的过程，某些步骤（如存储、存档等）可能在特定场景中被跳过，也有可能会出现某些步骤的局部循环。在每个阶段中，数据都有可能在不同的环境之间迁移，贯彻数据安全的关键就是识别出这些数据的移动，然后在适当的安全边界采取相应的安全控制手段。对数据的安全控制还涉及位置和访问设备两个因素，这两个因素在最初的数据安全生命周期概念中并没有被提及，但由于云计算和移动平台的迅速发展，位置和访问设备逐渐成为数据安全生命周期必须考虑的因素。

1. 位置

在云计算环境中，大量的用户数据被存储在不同的物理位置，供应用程序及操作系统使用，在公有云、私有云以及混合云中数据都可能发生移动，其存储地点有可能位于同一数据中心的不同服务器或不同数据中心。例如，云服务商的数据中心、传统的数据中心。因此，用户需要考虑以下几项有关位置的数据安全问题。

①数据的存放位置。

②每个位置的安全控制手段。

③在数据生命周期内，数据是否可以在不同位置迁移。

④数据在不同地点的迁移方式。

2. 访问设备

云计算中的数据可以被各种不同的设备访问，在了解了数据的位置和移动方式后，还需要知道谁在访问这些数据以及通过什么样的设备访问。由于每种设备的安全特性都不同，操作系统及其运行环境也不同，需要根据设备及其系统的特性，设计针对不同设备的专用应用软件，这样才能保证数据访问的安全性。

二、数据校验

（一）数据校验的背景

云计算时代是一个大数据的时代，把数据放到云中是一个经济的、非常有吸引力的方式，可以降低长期大规模数据存储的复杂度，但与此同时，把数据存放到云中又使数据拥有者丧失了对数据的绝对控制权。由于数据拥有者在物理上不再拥有数据，一些传统的密码学算法也不适用于云计算，因为这些算法都需要对本地数据的一个拷贝进行完整性校验。另外，大规模云数据的访问、转储、备份需付出巨大的通信代价，云服务使用者有限的计算能力，使得云计算环境中数据的正确性验证变得更加昂贵，甚至对于个人云用户来说变得不现实。因此，云用户需要一种在取回很少数据的情况下，通过某种知识证明协议或概率分析手段，以高置信概率判断远端数据是否完整以及是否满足用户想要验证的属性的机制。

（二）数据校验的方法

面向用户单独验证的数据可检索性证明方法（POR）。验证者（即云用户）只需要一个简单的请求应答过程便能验证证明者（即云服务商）所保存文件的完整性。与知识证明（POK）不同的是，POR可以在验证者和证明者双方不知道任何待验证文件信息的情况下完成验证过程。POR的缺点是需要对存储在证明者方的大量文件进行预处理编码，这需要占用较多计算资源和存储空间。

公开可验证的数据持有证明方法（PDP）。该方法强调了在不信任环境中的数据验证，并提高了处理效率。和POR不同的是，它不仅仅面向数据拥有者，还面向公开环境任何想验证数据的用户。

基于梅克尔哈希树（Merkle Hash Tree）的认证方案。这种数据校验方法即利用梅克尔哈希树来验证和维护数据块标签。该方法支持动态数据，且校验速度快于POR，但不支持第三方验证。

基于BLS同态签名和RS纠错码的方法。这种方法借助两种数学方法建立一种针对云计算的通用审计模型，让数据拥有者可以借助一个专门的第三方审计者（TPA）来审计云存储服务并确保存储的正确性，同时也节约计算和通信资源。考虑到第三方审计者在审计过程中有可能获得一些未授权的信息，尤其是数据拥有者的未加密数据，因此需要制订新的针对云计算的数据验证方案，从而消除新的数据隐私漏洞。对于实用化的服务部署，安全的云计算数据验证除了确保结果正确以外，还要兼顾数据动态变化的情况，以及支持同时执行的多个验证请求以提高效率。

三、数据库系统安全

（一）数据库系统安全的内容

数据库系统的安全关系到能否保护数据库系统涉及的数据避免非授权用户获取。这里的非授权用户既包括各种独立黑客或者以团体/国家为支撑的专业攻击者，同时也包括数据库系统的内部管理员。这两类的入侵流程虽然不同，但是造成的后果都是相同的，都是在非授权状态获取数据库数据的信息，从而导致严重的后果，同时还衍生出包括授予权限用户的滥用权限、授予权限用户的误操作和非授予权限用户的恶意入侵，如对数据进行窃取、篡改和删除等。数据安全是网络空间安全基本的保证，而数据库系统的安全是保证数据安全的重要手段之一。数据库系统的安全可以从以下几个角度进行阐述。

①数据库系统承载物理设备的完整性：数据库系统承载数据的物理设备，如计算机、服务器、硬盘等，数据丢失常见的原因包括供电电压问题、磁盘损毁、设备损坏等。

②数据库系统软件运行逻辑的完整性：保证存储在数据库中的数据完整性是数据库最重要的指标，数据库系统通过一整套完整的运行逻辑，对存储数据的结构性、可读性和完整性进行保护，如对数据库中某一个或者多个字段的改写不和任何其他数据关联，而导致破坏整个数据原有意义的完整性。

③数据库元素的安全性：保证数据库系统中用户存储的每个元素都是正确的，和用户申请存储的信息一致。

④数据库系统的可审计性：可追踪和查询用户对存储在数据库中的数据进行的存取与修改。

⑤数据库系统的用户访问控制：数据库系统对申请访问的用户进行认证授权，只有通过授权的用户才能对数据库中的数据信息进行访问，同时对不同的用户进行权限设定，不同权限对应不同的访问方式。

⑥授权身份认证：用户申请访问数据库系统，或进行审计追踪，需要数据库系统授予身份认证后，才能进行访问或追踪。

⑦数据库系统的可用性：被授予访问权限的用户随时都能顺利地通过认证，实现对数据库的访问，获取对应授权用户权限的数据操作。

（二）云数据库透明加密

云平台环境类似于一个或者多个数据库所组成的一个共同体，与数据库具有相同的特性，可以说解决了数据库加密实用化问题，就能解决云平台数据加密实用化问题。数据库加密系统是当前解决云平台等应用环境密文存储、运算和操作行之有效的方法之一。因此，设计一种不对数据库做任何改变，基于数据库外层的并以数据库字段为基本粒度的数据库加密系统是新的需求。采用数据库加密系统，能够对数据库密文存储进行标准的 SQL 语句询问，并保持数据一直处于密文状态下，即使攻击者获得对隐私信息和敏感数据的访问，或是内部管理员查看数据库服务器信息，由于获取的是密文，无解密密钥，无法得到信息的具体内容。

1. 方案总体模型

基于数据库加密系统不能更改数据库本身的结构和应用，将整个数据库加密系统与数据库服务器保持独立，数据库加密系统将最主要的通信管理、数据加/解密和密钥管理独立出来，组成数据库加密代理，形成数据库加密系统代理架构。在架构设计中可将整个数据库加密系统分为两个主要的部分：第一部分是数据库代理；第二部分是一个未修改的数据库管理系统。

整个运行结构包含应用服务器、代理服务器、数据库管理系统服务器和用户端计算机。单个用户或多个用户从用户端计算机发起一个应用会话，应用服务器根据用户端的行为，发起向数据库管理系统服务器的询问（该询问已经被加密），加密代理根据询问内容，对询问进行重写，并调整数据库的数据加密层，然后发起对密态数据库数据的询问，数据库管理系统（DBMS）按照正常的 SQL 标准操作完成相应操作。

应用服务器：运行应用代码，发起关于用户行为的数据库管理系统询问；提供给数据库代理服务器加密密钥，通过用户口令派生生成。

代理服务器：加密来自应用的询问，并把被加密的询问发送给数据库管理系统；重写询问操作，但是保持询问的语义；解密数据库管理系统返回的结果，并将结果发送给应用；存储主密钥和应用模式的注释版本（验证访问权限，跟踪每一列当前的加密层）；决定被用于数据加密/解密。

数据库管理系统服务器：所有的数据都被加密存储（包括表和列名）；处理加密数据，就像处理明文数据一样；具有用户定义的函数 UDF，使得其能够在密文上进行操作；具有某些被数据库代理所使用的辅助表（如被加密的密钥）。

在数据库加密系统代理式架构中，数据库加密系统代理服务器需要完成对询问的处理，以及密钥的管理工作。在代理服务器与数据库管理服务器之间所传送的信息都是密文数据。这样既保证了数据的机密性，又保证了对数据的各种 SQL 操作。这样的架构设计所解决的数据库威胁主要有两点：第一点，好奇或是恶意的内部数据库管理员偷看数据库管理系统服务器中的数据；第二点，取得应用和数据库管理系统服务器控制权限的攻击者窃取隐私信息。

2. 模型设计思想

数据库加密系统代理式架构模型设计的主要思想包括以下3个方面。

（1）支持SQL操作的加密策略

所有的SQL查询都是由最基本的操作所组成：等值查询、大小比较、平均数（求和）、连接查询。只要能找到各自支持这些本原操作的加密算法，就可以在数据库数据加密状态下完成所有的SQL操作。例如，对称密码AES可以支持数据加密状态的等值查询，保序加密算法可以支持数据加密状态大小比较的查询，同态加密算法Paillier加密系统可对加密数据进行求和，Song算法可以支持数据加密状态的搜索查询等，至于加密数据的连接查询可以使用ECC加密。本策略是数据库加密系统代理式架构设计的核心思想之一，即通过不同功能侧重的实用化的加密算法组合，实现对数据库加密数据明文和密文间的同态操作。

（2）基于询问的自适应加密

为了实现对密文数据完成最基本的SQL操作，在数据库加密系统代理式架构中将数据库数据的加密策略，根据数据功能设计为类洋葱式的多层结构。该加密策略的核心设计思想是将数据项进行一层一层的加密，最外层使用安全性最强的加密算法，但不支持任何的SQL操作。向内的每一层都支持不同的SQL操作。当执行询问时，加密代理根据询问将数据动态调整到能够执行该询问的加密层。

（3）链接加密密钥与用户口令

在数据的加密密钥派生中，加入用户口令变量，使在数据库中的每个数据项只能通过由用户口令等变量派生的连锁密钥才能被解密。当用户离线时，如果攻击者不知道用户口令，就不能解密出用户的数据。

（三）云数据库访问控制

数据库的访问控制机制是数据库系统最为重要的安全性设计之一，当用户群体庞大的时候，访问控制机制尤为重要。数据库权限系统的主要功能是验证连接到一台数据库服务器主机的一个用户是否合法，并且赋予该用户在一个数据库表上读取、插入、更新、删除记录的权限。另外，还有是否允许匿名访问数据库，以及是否允许从外部文件批量向数据表中追加记录等操作的能力。在数据库透明加密的基础上，结合属性加密机制，实现对数据库的内容进行细粒度的访问控制。

1. 方案模型

方案在接收用户提交的 SQL 请求，进行相应转换、加密、改写之后，将密文 SQL 提交给云数据库执行，在不修改云数据库管理系统的情况下，实现对数据的保护，并通过属性加密进行细粒度的访问控制，利用对称加密、保序加密、同态加密支持密文下执行多种基本类型的 SQL 请求。云数据访问控制模型包括以下组成部分。

①SQL 解析。解析用户提交的 SQL 请求，根据不同 SQL 类别为后续加密方式的选择提供依据。

②数据库交互。使用数据库提供的编程接口，将改写后的 SQL 提交给云数据库处理，并获得处理结果。

③数据保护。其包括对称加密、保序加密、同态加密 3 个环节，针对不同类型的 SQL 请求，选择不同的加密方式对 SQL 请求的内容进行改写，并将执行结果进行解密。

④访问控制。按照属性策略对数据库内容进行属性加密，当用户执行数据库操作时，生成用户的属性私钥，并依据属性策略向用户返回其有权限得到的内容。

云数据库的访问控制模型主要包括以下几种。

（1）SQL 感知加密模型

SQL 感知加密是一种可以被数据库系统识别的 SQL 改写方式，这种方式能将明文 SQL 中的表名、列名、字段值等进行加密之后替换掉原有内容，从而实现在数据库上操作密文，起到保护数据作用，同时能在不解密数据的情况下完成部分 SQL 操作。SQL 感知加密模型作为 SQL 解析模块的核心思想，可分为如下 3 个步骤。

①通过字符串解析，对 SQL 请求进行分析，得出 SQL 请求类型（如 INSERT、DELETE、UPDATE、SELECT）。

②通过参数解析，得出 SQL 请求的条件类型（判等、大小比较）。

③将明文 SQL 语句中的部分信息进行加密、替换（数据字段加密、表名、列名替换）。

（2）密文列扩充模型

密文列扩充是根据明文列的数据类型，将其扩充成支持该类型特定操作的密文列，从而实现在密文的基础上执行 SQL。通常而言，数据库的字段有数字类型和文本类型。

针对数字类型的字段（如年龄）往往会执行判等、大小比较、求最值、求平均、求和运算等操作。

针对文本类型的字段（如姓名）往往会执行判等、关键词搜索等操作。

因此，密文列扩充有以下两个扩充原则：针对数字型的字段，扩充成 EQ 列、ORD 列、CAL 列，对应支持涉及判等、大小比较数学运算的 SQL 请求；针对文本类型的字段，替换成 EQ 列，支持涉及判等的 SQL 请求。

例如，不同的密文列采用不同的加密方式以支持不同的 SQL 请求。

① EQ 列，采用 128 位 CBC 模式的对称加密算法。

② ORD 列，采用保序加密算法。

③ CAL 列，采用同态加密算法。

（3）访问控制模型

属性加密算法是将属性策略作为参数的一部分引入加密环节中，并将用户拥有的属性作为参数生成私钥，当用户需要解密信息的时候，需要提供能够满足属性策略的私钥才可以解密成功。因此，可以基于属性加密实现访问控制，给需要访问控制的字段或行增加标志列 ATR，用于存放属性加密的结果。在操作该字段的数据时，先验证当前用户能否解密这个标志列，解密成功才能够完成操作，否则拒绝执行该 SQL 请求。

2. 方案设计

（1）SQL 解析

SQL 解析负责对输入的 SQL 请求进行分析，得到请求类型和请求条件等相关信息，进而选择不同的分支，调用对应的处理函数来完成后续工作。具体可以描述为如下步骤：获取 SQL 请求；判断 SQL 类型；根据类型调用对应处理函数。

（2）数据保护

数据保护负责将明文数据（如表名、列名、字段值）进行对应的加密。数据保护模块中有 3 类用于支持不同 SQL 请求的加密方式，根据 SQL 解析模块对请求的分析，选择相应的一个或多个加密算法。

①数据库的准备工作：为了配合系统的使用，需要在创建数据表时做相应的调整。具体的调整为表名加上后缀 ENC，列名根据密文列扩充原则进行改写。

② INSERT 操作加密过程：INSERT 的作用是向数据库插入信息，由于数据库的内容均是密文，因此 INSERT 之前需要将待插入的信息，根据密文列扩充的原则进行扩展并加密。

③ DELETE 操作加密过程：DELETE 的作用是将数据库中符合给定条件的

记录删除。由于数据库内容均是密文，因此需要将 DELETE 的条件进行加密，再交由数据库执行。常见的请求条件有判等条件、范围条件等。

④UPDATE 操作加密过程：UPDATE 的作用是将数据库中某些符合给定条件的字段替换成给定的值。因此 UPDATE 操作需要兼有两部分功能：一是根据要修改的字段类型进行不同的密文列扩展；二是根据请求条件类型进行不同的条件改写。

⑤SELECT 操作加解密过程：SELECT 的作用是将数据库中符合条件的记录返回给用户。不同于②③④中的 3 种操作，SELECT 还涉及解密过程，需要将数据库中的密文信息解密后向用户展示。对于字段的查询，就转换成对该字段 EQ 列的查询，代理获取数据库执行结果后，在代理端进行 AES 解密，将明文结果返回给用户。查询条件的处理和 DELETE、UPDATE 操作的原理相同。

⑥SUM 操作加解密过程：SUM 严格意义上说不是一种 SQL 操作，它只是 SELECT 操作的一种特殊情况，通过调用数据库内建立的函数实现一些数学运算等特殊功能。但是，要支持密文和密文之间的 SUM 操作，就需要特殊处理这类请求。通过同态加密的方法，首先使用 SELECT 操作获得所请求字段的 CAL 列数据（数据都是密文），其次在代理端进行同态运算（结果仍是密文），最后进行同态解密，将得到的明文结果反馈给用户，实现在不解密密文的情况下完成相关计算。

3. **访问控制**

访问控制模块是安全管控系统的另一个核心，负责对数据库的记录进行权限控制，只有满足访问控制策略的用户才有权限操作数据。

4. **数据库交互**

实际上，数据访问控制是一个代理，即输入用户提交的 SQL，经过一系列的加密和改写，拼接各个加密结果，最后输出密文 SQL，将 SQL 请求提交给数据库执行。

第八章　云计算安全分析与安全体系

第八章　云计算安全分析与安全体系

云计算在资源利用上的确具有高效的优势,但是云计算在运行中并非一帆风顺,近年来发生的一系列安全事件一再表明,对于云而言,安全问题至关重要。那么,云计算究竟存在什么安全问题?这些安全事件将带来怎样的反思?云计算面临安全威胁的来源有哪些?如何对云计算的安全性进行评估?本章主要围绕这些问题展开讨论。

第一节　云计算安全事件

一、典型云计算安全事件

云计算从诞生开始就面临着严重的安全威胁,云基础设施和应用服务的安全事件与外来恶意攻击不断发生,诸如谷歌、亚马逊和微软之类的大型公司也不能妥善处理云计算突发事件。安全事件的频发使得原本就对云计算处于观望状态的用户群体受到信心上的打击,从而对云计算的进一步普及和推广产生了消极影响。下面对近年来发生的、比较有代表性的云安全事件进行回顾。

(一)亚马逊弹性云服务中断故障

2011年4月,亚马逊公司作为云计算服务提供商,发生了运营史上最大的宕机时间。4月21日凌晨,亚马逊公司在北弗吉尼亚州的云计算中心发生宕机,提供问答服务、新闻服务和位置跟踪服务的一些网站受到影响,这些网站都由亚马逊EC2服务托管,通过各地的云计算中心提供服务,在该次事件中亚马逊云服务中断将近4天。

北弗吉尼亚州云计算中心是亚马逊经营的云计算中心之一,按照系统的设计初衷,必须保证单个中心的宕机不会影响其他云计算中心的正常运行和云计算服务用户的正常使用。但在此次事件中,亚马逊云计算中心并没有将工作自动地转移到其他云计算中心,由切换失败而引起的故障严重影响了用户正常使用云服务。弹性云EC2是亚马逊公司最自豪的系统,但此次恰恰是弹性云EC2

系统发生的宕机事件。此次事件降低了企业用户对云计算服务商的信任程度。

经过技术人员的努力，亚马逊公司的云服务恢复正常，但此次中断已经给所有涉及的用户带来了不小的损失，在用户间造成了恶劣影响，其负面意义深远。4月30日，针对此次宕机事件，亚马逊公司发表了道歉信，向用户表达歉意，并声明亚马逊公司已经发现了系统的设计问题，希望通过修复漏洞和缺陷改善用户体验、重建用户信心，提高EC2的竞争力。

（二）Terremark宕机事件

2010年3月Terremark公司发生的长达7 h的宕机事件。此次事件让许多客户开始质疑企业级vCloud Express服务的稳定性和可靠性。这次事件几乎使vCloud Express的发展就此停止。

受到宕机事件影响的用户称这次宕机事件的具体表现是"连接丢失"问题，无法访问自己所托管的应用程序。新闻报道称，这次宕机事件仅仅使2%的Terremark用户受到影响，但受到影响的用户的服务完全瘫痪。此外，受到影响的用户对Terremark的处理方式非常不满。

Terremark官方称，由于Terremark连接中断导致了vCloud Express服务不能正常运行。但是Terremark并没有针对此次事件发布明确的解决方案，只是模糊地向用户担保，并为受影响用户的系统进行后台恢复。这种不负责任的做法无法令付费用户满意，失去信心的用户今后即使需要继续在云平台上部署业务，也很可能会转向安全性更高的供应商。

（三）Salesforce.com宕机

Salesforce.com以提供在线客户关系管理（CRM）等软件即服务著名，曾宣称自己是"最大的云计算企业"，但2010年1月，Salesforce.com出现至少1 h的宕机，影响的用户达68000多个。

Salesforce.com的数据中心发生了"系统性错误"，所有服务在短时间内陷入瘫痪。此次事件暴露了Salesforce.com不公开内部软件锁定策略的问题，即Salesforce.com旗下的Force.com平台不能在Salesforce.com之外使用。如果Salesforce.com出现问题，Force.com也会受到影响。如果基础性服务长时间中断，则会使问题变得非常严重。

这次宕机事件对公司和用户的影响不大，但用户开始怀疑Salesforce.com的软件锁定策略，即将该公司的Force.com平台绑定到Salesfore.com服务而不允许第三方参与的做法可能会带来安全隐患。该次中断事件再一次地提醒人们：目前还不存在百分之百可靠的云计算服务。

二、云计算滥用

泛滥势必"成灾",对于云计算也是这样。犯罪分子可能通过云计算的滥用来实施网络犯罪活动,这是一类边缘化的云计算安全事件。以亚马逊 EC2 为代表的云计算服务以前所未有的简单方式提供了强大的计算能力,其本意是通过引入云计算服务,企业可以不再为购置和维护软/硬件设备花费大量资金。然而,EC2 的超强计算能力在满足企业客户需求的同时也给恶意用户带来了机会。已有黑客利用亚马逊EC2等云计算服务来暴力破解并窃取用户信用卡密码,还有黑客利用 EC2 作为跳板进行攻击,索尼数据泄漏事件就是例证。云计算的滥用大致包括以下三种类别。

(一)使用云计算作为网络犯罪平台

除了使用云计算能力来进行暴力破解,云计算还可能被黑客用来作为攻击跳板或其他犯罪活动平台。CA 网络安全业务团队发现黑客利用 AWS EO2 云服务来掌控变种的 Zbot 僵尸网络病毒,通过云执行其命令与控制功能。该团队研究工程师表示,黑客先是通过电子邮件传送链接,虽然该链接连到的是合法网站,但该网站已遭黑客植入恶意程序(如用来打造僵尸网络的 Zbot 变种病毒)。当使用者打开链接并自动下载 Zbot 后,Zbot 就会与命令及控制服务器进行通信,黑客利用云服务来操控这个僵尸网络。

由于云服务商(如亚马逊)代管了大量企业团体用户的服务,如果黑客入侵任意一个防范薄弱的服务进入云内部发起攻击,则将导致严重安全问题。如在 2011 年 5 月发生的索尼大规模用户数据泄漏案例中,黑客凭借假名字借助亚马逊的 EC2 服务租用服务器,然后使用租用的服务器攻击索尼在线娱乐系统。这些攻击展现了黑客利用云计算技术来实施至今为止的第二大窃取用户个人信息的事件的全过程。

在这次事件中,黑客盗取了 1 亿余个个人账户。索尼官方对此发表声明称,这是经过精心策划的专业的网络攻击。黑客没有攻击亚马逊服务器,而是利用亚马逊这家合法的公司,来伪造虚假信息用于签订服务协议,并对索尼在线娱乐系统发动恶意攻击。

使用劫持或租赁的服务器发动攻击是那些熟练的黑客们经常使用的手段。美国网络情报(Online Intelligence)公司总裁、前美国联邦调查局网络犯罪调查员希尔伯特(E. J. Hilbert)认为,云计算的深入应用使这种网络犯罪活动越来越容易,任何人都可以用假名字,申请到亚马逊云端服务账号来使用,并将云作为黑客攻击基地，这比从自家计算机来发动攻击更不易被追踪。亚马逊没有任何方法来侦测其云端服务器内部的违法行为，事实上亚马逊也缺乏对此类行为的阻止手段，因为无法分辨出合法使用者与网络罪犯。作为业界最大规模的云服务商尚且如此，其他云服务商就更不用说了。

（二）使用云计算进行暴力破解

利用云计算所具有的强大计算能力，任何人都可以做原先只能由超级计算机才能做的事情，这意味着以往被认为安全的应用和机制不再安全。尽管一些云服务商为单独一名用户提供的云计算服务计算能力有限，但用户可以很容易地绕过这些限制以获得更大的计算能力，例如，一些黑客利用窃取的多个信用卡账号同时登录云计算服务，让这些计算同时进行；黑客盗取用户信用卡中的资金，用这些非法获得的资金购买更加强大的云计算能力。

（三）使用云计算进行间谍活动

美国国家安全局（NSA）首席信息官隆尼·安德森（Lonny Anderson）日前接受美国一家电台的专访，在专访中谈到了 NSA 使用云计算进行现代化间谍信息活动。

如果说技术就是力量，那么 NSA 则将技术的力量用到了极致。负责美国国家安全的技术人员将"技术永不休息"作为座右铭。NSA 在世界范围内的所有机构永不停歇地执行任务。如此一来，NSA 每 6 h 大约收集 74 PB 数据，这些数据足以塞满美国国会图书馆。

据了解，NSA 在全球范围内有多达七万五千人组成的窃听队伍，拥有 20 颗地球卫星和 20 架经过技术改装的电子窃听飞行器，并且任何一架没过攻击式潜水艇上都安装有 NSA 的电子监控。

NSA 有两大主要任务：信号情报源和信息安全。信号情报源主要是提供国外情报，保证国家安全，维护美国的国际利益，为军事政策的制定提供依据。NSA 信息安全和网络战争专家将竭尽全力保证各种敏感信息的安全。安德森在电台采访中透露了 NSA 现阶段使用三个私有云，分别是虚拟化的通用云、存储即服务云和数据云。为了提高工作效率，使机构更加现代化，NSA 更多地使用云技术和虚拟化技术。

美国利用云计算满足间谍活动所需的计算和存储能力这一思路很可能被其他国家甚至恐怖分子利用。云计算对海量数据的监管能力有限，情报人员可以利用合法用户的渠道堂而皇之地在云中将文件加密存储而不被发现，并将其共享给世界上任何一个可以连接至云服务的同伴。这类利用云计算基础服务进行隐蔽信道通信，或是通过技术手段在"Ghost 虚拟机"（云服务商认为已销毁因而不去管理，但实际上仍处于活动状态的虚拟机）上部署间谍程序等，都是对云计算进行间谍活动的手段。

三、云计算安全事件反思

云计算的安全问题，特别是公有云的安全问题，一直是困扰企业用户、云服务商和政府的重大难题，也是云计算发展的主要阻力之一。假如大部分云安全问题能够通过技术或管理手段解决，则云的潜力将会完全发挥出来，在各相关应用领域实现跳跃式发展，使公用和个人计算能力得到前所未有的提升。

事实上，近年来频频发生的宕机事件和云服务商故障使得服务使用者的信心不断下降，特别是针对云计算资源的滥用这一问题，目前还没有很好的防范措施，云计算在全球范围内的进一步推广困难重重。云安全问题的普遍存在使得企业和政府对于公有云与混合云的选择更加谨慎，因而倾向于搭建更为安全的私有云。通过私有云低成本和高资源利用效率的优点，企业和政府将云数据中心作为传统数据中心的替代品，为组织内部提供计算、存储和网络服务。

如果仅仅从这些云服务失效事件，就得出"云计算一无是处，无法成为计算模式的革命"的结论则显得过于武断。云计算本质上是信息系统的延伸和发展，而任何信息系统都有自身的安全问题和安全风险，云计算在继承信息系统优点的同时不可避免地引入了一些缺陷。所有基于互联网的信息服务系统都无法逃避安全问题，服务商在实践中通过不断摸索，逐步完善产品质量，改进用户体验，增强可靠性，使服务的整体安全效能大大提升，漏洞越来越少，服务运行也越来越稳定。对云服务商而言也是如此，既然无法逃避安全问题，那么只能从信息系统的共性安全问题和云的特殊架构出发，在技术不断完善的同时，还需要从用户角度出发重点关注用户数据的安全性保障。

云计算作为革命性的计算模式，为高速发展的企业提供了更加高效和低成本的服务。相较于传统复杂昂贵的数据中心，中小型企业更愿意尝试新的技术，通过承担一定的风险使用云计算助力于企业的快速发展。在云计算尚未完全成熟的背景下，企业在尝试过程中将不可避免地面对安全问题，如数据丢失或泄露、服务中断等，企业可以根据自身的风险承受能力制定应对策略，如仅将非关键数据托管至云供应商，以及通过同时使用多家云供应商的服务来确保业务连续性等。这样看来，尽管云计算服务目前仍然存在诸多不确定因素，但是它的革命性和创新性仍然是最引人注目之处，其弹性、低价优质、按需获取的服务模式满足了一部分中小企业的发展需求，随着安全这最后一道阻碍的突破，云计算必将迎来其全面、规模化的发展阶段。

第二节 云计算安全威胁

一、基本安全威胁

云计算由于自身架构复杂、涉及技术众多，与云相关的设计、构建运行和应用技术研究还不是很充分，目前云计算在安全方面尚存在较多问题，主要的安全威胁如下。

（一）数据层面的安全威胁

云计算环境中数据威胁突出表现为数据泄露和滥用。由于企业的重要数据和业务应用为云服务商所控制与维护，在这种模式下如何实现云服务商自身内部的安全管理、职责划分和审计追踪，如何避免多用户共存带来的潜在数据风险等都是需要重点考虑和关注的安全问题。

（二）基础设施层面的安全威胁

云计算基础设施环境面临多种类型的安全威胁，如网络攻击、渗透等传统网络安全威胁，资源虚拟化技术引入的越权访问、反向控制、内存泄露等基础设施层安全威胁，以及临近攻击等物理安全威胁等。由于云的公共服务特性，拒绝服务攻击是恶意用户对云计算在网络安全方面的主要攻击类型。在云计算环境中，企业的关键数据、核心应用离开了企业网，迁移到云数据中心，随着越来越多的应用和集成业务依靠云计算，拒绝服务带来的后果和破坏将会对企业的运行产生严重影响。另外，在虚拟化安全方面，各层次虚拟化技术的不成熟导致基础设施即服务、平台即服务和软件即服务存在安全风险，产生隔离、访问控制、用户等级划分及实施、服务质量保证和多租户实现机制方面的问题，如果被恶意攻击者利用将导致合法用户的利益受到损害。

（三）应用层面的安全威胁

云计算服务推动了服务的网络化趋势，其最终目的是向用户交付多种多样的应用。与传统的基于操作系统、数据库的浏览器/服务器（B/S）或客户机/服务器（C/S）系统相比，云计算服务调用方式具有统一接口、多租户、虚拟化、动态、复杂业务实现等特点，因此在服务安全、Web安全、身份认证、访问控制等方面也具有相应的安全需求。在当前的网络环境下,木马程序等恶意代码不断涌现,云计算环境的开放性特点使得自身的安全漏洞更容易暴露出来,需要在服务自身的运行和与用户交互的过程中实施全程的安全保障。

(四)管理和合同层面的安全威胁

目前云计算管理标准方面的规范尚不完善,云实现方式的多样性、结构的复杂性导致云服务通用性差、云间协同能力不足,管理边界模糊、责任划分难以明确,云服务商的服务状态展现不够透明。

在可能出现的合同纠纷和法律诉讼等方面,云服务合同、服务商的 SLA 和 IT 流程规范等都还很不完善。另外,虚拟化技术带来的物理位置不确定性和国际相关法律法规的复杂性,使得云计算环境中合同纠纷和法律诉讼成为云服务推广的硬性障碍。

二、云安全联盟定义的安全威胁

如今,云计算正在不断改变组织使用、存储和共享数据、应用程序以及工作负载的方式。但是与此同时,它也引发了一系列新的安全威胁和挑战。随着越来越多的数据进入云端,尤其是进入公共云服务,这些资源自然而然地就沦为了网络犯罪分子的目标。

云安全联盟对云计算面临的安全威胁进行了细化,2010 年云安全联盟给出了云计算面临的七种安全威胁并给出了相应的解决方案和建议。由于云计算正处于快速发展之中,所以这七大威胁在扩展与不断变化,直至 2018 年,云安全联盟发布了最新版本的《12 大顶级云安全威胁:行业见解报告》。

下面对这些威胁进行较详细的介绍。

(一)数据泄露

云安全联盟表示,数据泄露可能是有针对性攻击的主要目标,也可能是人为错误、应用程序漏洞或安全措施不佳所导致的后果。这可能涉及任何非公开发布的信息,其中包括个人健康信息、财务信息、个人身份信息、商业机密以及知识产权等。由于不同的原因,基于云端的数据可能会对不同的组织具有更大的价值。数据泄露的风险并不是云计算所独有的,但它始终是云计算用户需要首要考虑的因素。

(二)身份、凭证和访问管理不足

云安全联盟表示,恶意行为者会通过伪装成合法用户、运营人员或开发人员来读取、修改和删除数据；获取控制平台和管理功能；在传输数据的过程中进行窥探，或释放看似来源于合法来源的恶意软件。因此，身份认证不足、凭证或密钥管理不善都可能会导致未经授权的数据访问行为发生，由此可能对组织或最终用户造成灾难性的损害。

（三）不安全的接口和应用程序编程接口

云安全联盟表示，云服务提供商会公开一组客户使用的软件用户界面（UI）或应用程序编程接口来管理和与云服务进行交互。其配置、管理和监控都是通过这些接口来实现执行的，一般来说，云服务的安全性和可用性也都取决于应用程序编程接口的安全性。它们需要被设计用于防止意外和恶意的绕过安全协议的企图。

不安全的接口和应用程序编程接口风险的形成来源于以下几个方面。

①跨站脚本漏洞：Web应用程序直接将来自使用者的执行请求送回浏览器执行，使得攻击者可获取使用者的Cookie或Session信息，从而直接以使用者的身份登陆录，利用伪造的身份非法获取信息。

②不安全的对象直接引用：攻击者利用Web应用程序本身的文件操作功能，读取系统上任意文件或重要资料。

③任意文件执行：Web应用程序引入来自外部的恶意文件并执行。

④注入类问题：Web应用程序执行在将用户输入转换为命令或查询语句的一部分时没有做过滤，如SQL注入、命令注入等攻击。

⑤信息泄露：Web应用程序的执行错误信息中包含敏感资料，可能包括系统文件路径、产品信息、内部IP地址等。

⑥跨站请求截断攻击：已登录Web应用程序的合法使用者执行恶意的HTTP指令，Web应用程序却当成合法请求处理，使得恶意指令被正常执行。

⑦用户验证和Session管理缺陷：Web应用程序中自行撰写的身份验证功能有缺陷，存在被恶意入侵的可能。

⑧不安全的通信：Web应用经常在传输敏感信息时没有使用加密算法对数据进行加密。

⑨不安全的加密存储：Web应用程序没有对敏感资料加密，或使用较弱的加密算法以及将密钥存储于容易被获取之处。

⑩未对URL路径进行限制：某些网页因为没有权限控制，使得攻击者可透过网址直接存取后台关键程序的运行数据。

为防范不安全接口带来的风险，可以对应用代码及其中间件、数据库、操作系统进行加固,并改善其应用部署的合理性。从补丁、管理接口、账号权限、文件权限、通信加密、日志审核等方面,增强应用支持环境和应用模块间部署方式的安全性。云安全联盟建议的解决方案如下。

①云应用开发者应仔细分析云计算提供商接口的安全模型,采用规范化的输入、输出方式并严加审查。

②在云计算应用运行过程中,必须确保用户身份进行了严格的验证,在传输时使用加密机制,对管理接口实施必要的访问控制。

③云应用开发者应了解与应用程序编程接口关联的性能要求和限制,避免内存泄露、越界访问、缓冲区溢出等设计问题。

(四)系统漏洞

系统漏洞是系统程序中存在的可用漏洞,利用这些漏洞,攻击者能够渗透系统,并窃取数据、控制系统或中断服务操作。云安全联盟表示,操作系统组件中存在的漏洞,使得所有服务和数据的安全性都面临了重大的安全风险。随着云端多租户形式的出现,来自不同组织的系统开始呈现彼此靠近的局面,且允许在同一平台/云端的用户都能够访问、共享内存和资源,这也导致了新的攻击面的出现,扩大了安全风险。

(五)账户劫持

云安全联盟指出,账户或服务劫持并不是什么新鲜事物,但云服务为这一景观增添了新的威胁。如果攻击者获得了对用户凭证的访问权限,他们就能够窃听用户的活动和交易行为,操纵数据,返回伪造的信息并将客户重定向到非法的钓鱼站点中。账户或服务实例可能成为攻击者的新基础。由于凭证被盗,攻击者经常可以访问云计算服务的关键区域,从而危及这些服务的机密性、完整性以及可用性。

(六)恶意的内部人员

云安全联盟表示,虽然内部人员造成的威胁程度是存在争议的,但不可否认的是,内部威胁确实是一种实实在在的威胁。一名怀有恶意企图的内部人员(如系统管理员)够访问潜在的敏感信息,并且可以越来越多地访问更重要的系统,并最终访问到机密数据。所以仅仅依靠云服务提供商提供安全措施的系统势必将面临更大的安全风险。

内部人员进行窃取或破坏有两个原因:一是为了获取钱财,二是为了建立商业优势。企业本应像监视外部人员一样监视内部人员,然而由于工作上的原因，内部人员拥有对企业资源的一些特殊的访问权限，因此在保证业务流转顺畅的同时规范内部人员的操作行为就成为一项挑战。受利益或其他原因驱使，内部人员能够利用自身的系统操作权限及已知的内部漏洞，自由篡改数据库信息、删除关键组件或破坏整个系统。这些行为将导致云计算环境遭受难以计量的损害，即可能导致云服务无法运行、数据无法恢复或使得IT资源受到不可逆的破坏。企业可通过采取以下措施保障云服务安全。

①强制执行严格的内部员工管理制度并进行综合的云服务商评估，用户在付费使用服务前有权检查云服务商的员工管理制度。

②指定将人力资源条件要求作为法律合同的一部分，并明确说明在违背条款的情况下，云服务商应如何补偿用户的损失。

③定义安全违规通知流程，云服务商应考虑内部员工发起的恶意行为，并将可能导致的损失降到最低。

（七）高级持续性威胁

高级持续性威胁（APT）是一种寄生式的网络攻击形式，它通过渗透目标公司的IT基础设施来建立立足点的系统，并从中窃取数据。高级持续性威胁通常能够适应抵御它们的安全措施，并在目标系统中"潜伏"很长时间。一旦准备就绪（如收集到足够的信息），高级持续性威胁就可以通过数据中心网络横向移动，并与正常的网络流量相融合，以实现它们的最终目标。

（八）数据丢失

云安全联盟表示，存储在云中的数据可能会因恶意攻击以外的原因而丢失。云计算服务提供商的意外删除行为、火灾或地震等物理灾难都可能会导致客户数据的永久性丢失，除非云服务提供商或云计算用户采取了适当的措施来备份数据，遵循业务连续性的最佳实践，否则将无法实现灾难恢复。

为了减轻数据丢失威胁，云安全联盟的建议如下。

①云服务商执行严格的应用程序编程接口访问控制策略，对服务请求者的身份进行鉴别，对进出云计算环境的数据进行检查。

②在数据的整个生命周期内进行数据保护分析，使用户明确自己数据的位置和状态。

③使用加密技术保护传输中的数据，同时提供完整性校验机制。

④云计算提供商在合同中向用户指定备份和数据恢复策略。

⑤云服务商执行严格的密钥生成、存储和管理以及销毁行为，不在任何情形下以明文方式发送密钥。

⑥用户应在合同中要求提供商在数据即将存储到资源池前,进行目标介质的数据擦除工作,在用户退出数据服务后,要求再次进行彻底的数据擦除。

(九) 尽职调查不足

云安全联盟表示,当企业高管制定业务战略时,必须充分考虑到云计算技术和服务提供商。在评估云技术和服务提供商时,制定一个良好的路线图和尽职调查清单对于获得更大的成功机会可谓至关重要。而在没有执行尽职调查的情况下,就急于采用云计算技术并选择提供商的组织势必面临诸多安全风险。

(十) 滥用和恶意使用云服务

云安全联盟指出,云服务部署不充分,免费的云服务试用以及通过支付工具欺诈进行的欺诈性账户登录,将使云计算模式暴露于恶意攻击之下。恶意行为者可能会利用云计算资源来定位用户、组织或其他云服务提供商。其中滥用云端资源的例子包括 DDoS、垃圾邮件和网络钓鱼攻击等。

(十一) 拒绝服务

拒绝服务攻击旨在防止服务的用户访问其数据或应用程序。拒绝服务攻击可以通过强制目标云服务消耗过多的有限系统资源(如处理器能力、内存、磁盘空间或网络带宽),来帮助攻击者降低系统的运行速度,并使所有合法的用户无法访问服务。

网络上的恶意攻击行为(如窃取银行卡密码和信用卡卡号、发送垃圾邮件和传播恶意代码等)近年来越来越频繁,严重威胁着网络使用者的安全。网络犯罪分子始终对互联网的相关技术情有独钟,对崭露头角的新应用、新产品、新趋势密切关注,对云计算也不例外。恶意入侵者能够潜入云服务商的网络,运行蠕虫病毒程序并在云计算环境内肆虐破坏,使虚拟机、虚拟应用互相感染,危害云计算基础设施及用户安全;犯罪分子还可以伪装成合法用户,以云计算环境为跳板,向其他应用系统发起匿名攻击,或者直接使用基础设施即服务、平台即服务、软件即服务对外提供非法服务;另外,外部攻击者可以采取拒绝服务攻击降低云服务的可用性,使云计算运行质量降低,致使用户流失,从而实现自己的商业性攻击目的。

DDoS 攻击是建立在拒绝服务攻击基础上的一种攻击方式。单一的 DoS 攻击通常使用一对一的方式进行,而 DDoS 是使用网络上已经被攻击的计算机,将其作为"僵尸"主机攻击特定目标。"僵尸"主机是指被僵尸程序感染的主机。不法分子能够远程控制这些主机发动攻击。一旦"僵尸"主机的数量达到十万台以上，不法分子可以发动大规模的 DDoS 攻击，造成非常大的影响。

在网络中，数据包使用 TCP/IP 协议传输，但大量的数据包会使网络设备或无服务器过载。在 DDoS 攻击中，不法分子使用网络协议或者应用程序的缺陷，制作不完整的数据包，使网络设备或服务器长时间处于数据处理状态，消耗大量的系统资源，从而不能正常运行。

DDoS 攻击在云计算环境下逐渐成为数据中心管理人员需要面临的新挑战。随着越来越多的组织、单位开始使用虚拟化数据中心和云服务，数据中心基础设施出现了新的弱点。

云计算具有快速弹性的特点，云服务商需要有强大的网络和服务器作为支撑。云计算还有按需自服务的特点，要求业务开通和业务服务等环节具有灵活性。这两种特点使云计算为滥用和恶意使用提供了环境。

此外，卡巴斯基实验室发布的第一季度全球 DDoS 攻击情况显示，从攻击目标来看，有 47.53% 的 DDoS 攻击是针对我国的。云计算提供的服务通常在互联网上以公开的门户的方式存在，且后台往往托管海量用户数据，因此，云计算平台很容易成为攻击者的重要目标。另据威瑞信（VeriSign）发布的 2017 年第一季度 DDos 攻击趋势报告，遭遇 DDoS 攻击最频繁的是 IT/ 云 / 软件即服务行业，占据所有恶意活动的 58%，平均攻击规模为 22.5 Gbit/s；金融部门排在第二，占据 28%（比上一季度增加了 7%），平均攻击规模为 1.7 Gbit/s，第一与第二之间的数据相差一倍，可见针对云计算的行业的恶意攻击的确令人担忧。

针对云计算的滥用、恶用和拒绝服务攻击，云安全联盟建议的解决方案如下。

①云服务商向用户执行更严格的注册和验证流程，在向用户提供服务之前对用户身份进行较为全面的审查，通过历史记录判定用户的风险等级并配置不同的监控强度。

②云服务商严密监控自己的用户并及时更新黑名单，一旦发现用户正在执行危险操作，则立即停止与其关联的服务，并通过应急响应预案检查事件记录、执行补救措施，避免遭受进一步损失。

③金融企业加强对信用卡欺诈行为的监控，开展网络安全常识的宣传工作，在执行与财产相关的重要操作前使用多种方式获取用户的确认。

（十二）共享的技术漏洞

云安全联盟指出，云计算服务提供商通过共享基础架构、平台或应用程序来扩展其服务。云技术将"即服务"产品划分为多个产品,而不会大幅改变现成的硬件/软件(有时以牺牲安全性为代价)。构成支持云计算服务部署的底层组件,可能并未设计成为"多租户"架构或为多客户应用程序提供强大的隔离性能。这可能会导致共享技术漏洞的出现,并可能在所有交付模式中被恶意攻击者滥用。

云计算用户可以通过以下措施降低共享风险。

①在应用虚拟化方面实现应用程序的全生命周期安全,包括安装、配置和施行阶段,通过完善的监控和审计机制对应用程序的状态进行实时感知和检测。

②要求云服务商采用严格的身份验证和访问控制策略,特别是关系用户财产安全的数据存储服务、数据应用服务和统计服务等。

③监控和及时处理未授权的访问行为,根据规则进行阻断、记录或告警。

④定期进行安全检查和配置核查,防范安全风险。

⑤按照 SLA 要求强制执行补丁和漏洞修复,维持整个云计算环境的安全运行。

第三节 云计算的安全性评估

一、信息安全风险评估

信息安全风险是指信息的安全属性所面临的威胁在其整个生命周期中发生的可能性,这些威胁来自由信息系统的脆弱性而引发的人为或自然的安全事件,可能导致重要的信息资产受损,从而对相关的机构造成负面影响。

信息安全风险评估指的是依据有关信息安全技术和管理标准,对信息系统及其处理、传输和存储的信息的机密性、完整性和可用性等安全属性进行评价的过程,需要评估资产面临的威胁以及利用脆弱性导致安全事件的概率,并结合安全事件所涉及的资产价值来判断安全事件一旦发生对组织造成的影响,同时提出有针对性的防护对策和整改措施。信息安全风险评估的目的是对信息安全风险做出必要的防范,降低风险等级,尽可能地为信息安全提供保障。

信息安全风险评估是将传统的风险理论和方法运用到信息系统之中,可以将其分为以下四个阶段。

①评估的准备阶段,这一阶段关系到高评估工作的实施。评估的准备阶段包括制定评估目标、选择评估范围、建立评估团队、进行前期调研、沟通协商方法和方案等。

②评估要素的识别阶段,这一阶段包括明确识别信息安全风险中的资产、信息安全风险中存在的威胁和信息安全风险中的脆弱性以及安全措施是否有效的识别等。

③分析风险阶段,这一阶段包括明确科学的风险等级确定标准,分析可能存在的风险。

④汇报验收阶段,这一阶段主要是完善信息安全风险评估报告,对评估项目进行总结和验收。在传统的信息系统中,国外制定了诸如ISO/IEC 17799、ISO/IEC 21827等一系列标准,并制定了富有成效的评估方法,研制了实用性强的评测工具。

云计算要在互联网和与之对应的云计算平台上进行数据处理、数据传输和数据储存,用户不能了解数据流动过程。因此,传统的信息安全风险评估手段不能完全满足云计算的信息安全风险评估,云计算需要制定一套能够满足自身需求的方法。

二、云计算安全风险评估

如果被评估对象没有使用云计算服务,那么其评估方法可以按照传统的评估准备、要素识别、评测和确定风险验收等做法。云计算对网络的依赖性较高,偏向于为用户提供服务。因此,用户在使用云计算时会认为数据处理和数据存储是云计算提供的一项服务,数据的安全性受到网络状况和云计算平台的影响。根据高德纳(Gartner)提出的云计算安全风险,了解云计算的服务模式评估云计算的信息安全风险有重要影响。

云计算安全风险评估方法可从计算、存储和网络三个方面给出。对于计算服务,一种方式是通过统一平台实现;另一种方式是借助租赁计算机设备实现。统一平台应考虑平台的安全(考虑该平台的数据加密方式、是否允许特权用户访问等),租赁计算设备则应考虑其设备的运行可靠性;存储服务通常以分布式的存储中心为基础,实现基于网络的高效分布式存储。为提高数据的安全性,应考虑数据的加密手段、数据存储的备份手段及数据存储的分散情况等。

针对不同的云计算服务,结合传统的信息安全风险评估办法,基于云计算的评测分析方法可以从资产识别、威胁识别、脆弱性识别及风险评估与分析四个角度给出。

一是资产识别,包括资产分类和资产赋值。资产分类通过列表的方式列出云计算的文档信息、云计算的软件信息和云安全设施等。资产赋值则是指以资产在评估系统中的重要程度为依据对资产进行赋值，它采取等级评定的方法，将资产的机密性、完整性和可用性3个安全属性各划分为5个等级，分别用5、4、3、2、1表示，赋值由高到低依次递减，3个属性中赋值最高的这项资产的赋值，用 AS_i 表示，意为第 i 个资产的赋值。

二是威胁识别，包括威胁分类和威胁赋值。其中威胁赋值是以威胁发生的频率为依据对威胁赋值。

三是脆弱性识别。不同的云计算平台有不同的基础架构，识别可能引起安全事件的脆弱性；用0表示不存在的脆弱性，用1表示存在的脆弱性。

四是风险评估与分析，主要是分析威胁和脆弱性之间的关系以获取安全事件发生的可能性。

风险的级别是根据事件发生的可能性和造成损失的大小估计的。事件发生的可能性是指针对漏洞成功实施攻击的概率，每个事件发生的可能性和业务上的影响由参与评估的专家小组根据经验共同得出。对于那些不容易得出正确估计值的事件的可能性，则用N/A表示。很多情况下，估计值很大一部分取决于云的部署模式及组成架构。最终风险值用0~8的数字来表示，其中，低风险为0~2；中等风险为3~5；高风险为6~8。

在描述风险的时候，需要注意，风险必须要与整体业务以及风险控制手段相结合，有时一定的风险可以带来更多的机会。云服务不仅使从多种设备访问数据存储更为方便，还带来一些重要的好处，如更快捷的通信和多点即时合作等。因此对于数据安全而言，不仅要比较分析存储在不同位置的数据的风险，还要比较分析存储在自己可控范围内数据的风险。合规性也是风险评估的一个方面，如用户在工作中需要将电子文档发送给其他人，就必须遵守存储在云中的电子文档安全规范。使用云计算的风险还必须要和使用传统信息系统的风险相比较，其对比方法类似于新旧操作系统的对比方法。风险的级别在很多时候随着云架构的不同而变化较大，同时风险还与服务的价格有关。对于云用户来说，尽管可以把一些风险转移至云服务商，但并不是所有风险都可以被转移。

欧洲网络与信息安全局（ENISA）借助于对云计算架构、服务交付模式和存在的安全风险的深刻研究，并与信息系统信息安全风险评估经验相结合，形成了云计算信息安全风险评估方法。这种方法能够对云计算的信息安全风险评估做出有益指导，还能够使信息安全风险评估理论得到扩充。在这样的基础上，安全风险评估机构能够对云计算的内在机制进行更加深入的研究，从而给出基于模型的定量分析和评价方法，帮助用户以不同的标准区分云服务商，选择最适合自身业务模式的云服务方案。

云计算与网络安全研究

综上所述，云安全事件频发，就连亚马逊、谷歌、微软等技术精湛、实力雄厚的互联网龙头企业也未能幸免。云计算环境面临的主要安全威胁有 Web 安全漏洞、拒绝服务攻击、内部的数据泄露、滥用以及潜在的合同纠纷与法律诉讼等。云安全联盟对云计算面临的安全威胁进行了细化，给出了云计算面临的七种安全威胁。云计算的安全评估是对安全威胁的脆弱性暴露程度进行量化，基本延续传统的信息安全风险评估方法，但应侧重于云计算的服务特性，可从云计算的计算、存储和网络三个方面，按照资产识别、威胁识别、脆弱性识别及风险评估与分析的步骤进行，以评估结果为依据，用户可以在选择云服务商前根据能承受的风险进行权衡。

第四节　面向服务的云计算安全体系

一、云用户安全目标

在云计算安全服务体系中，数据安全和隐私保护在用户的安全需求中位于首要位置，用户的首要安全需求是数据安全与隐私保护，即防止云服务商恶意泄露或出卖用户隐私数据，或者搜集和分析用户数据，挖掘出用户的深层次信息等不当行为。攻击者可以通过分析企业关键业务系统流量得出其潜在而有效的运营模式，或是以两个企业的信息交互模式为依据判断企业之间的合作关系。尽管对企业而言这些数据并非机密信息，然而一旦被云服务商无意泄露或出卖给企业竞争对手，就会对受害企业的运营产生较大的负面影响，甚至在市场环境中陷入被动境地。

在用户数据生命周期中的创建数据、存储数据、使用数据、共享数据、归档数据和销毁数据等各个环节云服务商都应重视数据安全与隐私保护。此外，企业用户在选择云服务商时也十分看重数据安全与隐私保护问题。

安全管理与运行维护是除数据安全与隐私保护之外用户看重的另一个问题，即在不泄露其他用户隐私且不涉及云服务商商业机密的前提下，允许用户获取所需安全配置信息以及运行状态信息，同时在一定程度上允许用户自主使用安全管理软件，从而对云计算环境中的业务执行情况进行多层次的认知和控制。

云用户的其他安全需求包括应用程序在云计算环境中的运行安全以及获取多样化的云安全服务等。

二、云计算安全服务体系

（一）云基础设施安全服务

云应用需要的计算服务、存储服务和网络资源服务需要由云基础设施服务提供，云基础设施是云计算系统的基础部分。

云基础设施安全有两层含义：一是能够抵挡来自外部的恶意攻击，从容应对各类安全事件；二是向用户证明云服务商对数据与应用具备安全防护和安全控制能力。

在应对外部攻击方面，云平台需要研究传统计算机平台存在的安全问题，制定全面、妥善的安全防护措施。例如，在物理方面考虑计算环境安全问题；在存储方面考虑数据加密、数据备份、数据完整性检测和数据恢复等问题；在网络层面考虑 DDoS 攻击、DNS 安全、IP 地址安全等问题；在系统方面需要考虑用户身份管理和系统补丁等问题。

此外，云计算平台要证明自己的保护数据隐私能力和安全控制能力。例如，在存储服务中证明用户数据以密文保存，并能够对数据文件的完整性进行校验，在用户使用计算服务时向用户提供其正在使用的服务的运行内存受到保护等。云计算的用户有着不同的安全需求，云计算平台应针对用户的不同需求为其提供保护服务，各等级间通过防护强度、运行性能或管理功能的不同体现出差异。

（二）云计算安全基础服务

1. 云计算用户认证服务

云计算用户认证服务主要包括用户身份管理、用户身份认证过程和用户身份注销。在云计算的环境中，身份联合和单点登录能够实现云计算联盟服务共享用户身份信息和用户身份的认证结果，降低重复认证用户的成本。需特别注意的是，在这一过程中要保护用户身份的隐私性。

2. 云密码服务

云密码服务的实现依托密码基础设施进行。基础类云安全服务还包括密码运算中的密钥管理与分发、证书管理及分发等功能。云密码服务使密码模块的设计和实施更加简化，同时使密码技术的管理更加科学。

3. 云访问控制服务

云访问控制服务的实现依赖于如何妥善地将传统的访问控制模型（如基于角色的访问控制模型、基于属性的访问控制模型以及强制/自主访问控制模型等)和各种授权策略语言标准(如 XACML、SAMI 等)扩展后植入云环境。此外，由于使用云计算服务的企业不断提高提供的资源服务的兼容性和可组合性，所以云访问控制服务需要重视授权组合问题。

4. 云审计服务

云计算的用户不具有安全管理和举证能力，云计算服务提供商在划分安全事故责任时需提供支持，这就要求要由第三方实施审计。云审计服务需要对审计事件列表中的证据和证据的可信度提供证明。在提供证明时要采取特殊的数据取证方法，确保该证据不会透漏其他用户的数据隐私。

（三）云安全应用服务

云安全应用服务需结合用户的需求并发展出多种样式是云计算在传统安全领域的主要发展方向。典型的云安全应用包括 DDOS 攻击防护服务、僵尸网络检测与监控服务、Web 安全与病毒查杀服务、防垃圾邮件服务等。传统网络安全技术在安全防御能力、响应速度和系统规模上有一定的弊端，不能使网络安全需求得到满足。云计算的强大优势可以弥补传统网络安全技术的不足。云计算强大的计算能力和超大的存储能力能够使安全事件采集、安全事件关联分析和防御病毒等方面的性能有很大提高。建立大规模的安全事件信息处理平台可以使网络安全性能得到提高。

此外，云计算能够借助大量的分布式处理统一采集安全事件并上传至云安全中心进行研究，极大地提高了安全事件汇聚与实时处置能力。

三、云计算安全支撑体系

云计算安全支撑体系为云计算安全服务体系提供了重要的技术与功能支撑，其核心包括以下几方面内容。

一是密码基础设施：用于支撑云计算安全服务中的密码类应用，提供密钥管理、证书管理、对称/非对称加密算法、散列码算法等功能。

二是认证基础设施：提供用户基本身份管理和联盟身份管理两大功能，为云计算应用系统身份鉴别提供支撑，实现统一的身份创建、修改、删除、终止、激活等功能，支持多种类型的用户认证方式，实现认证体制的融合。在完成认证过程后，通过安全令牌服务签发用户身份断言，为应用系统提供身份认证服务。

三是监控基础设施：通过部署在云计算环境虚拟机、虚拟机管理器、网络关键节点的代理和检测系统，为云计算基础设施运行状态、安全系统运行状态及安全事件的采集和汇总提供支撑。

四是授权基础设施：用于支撑业务运行过程中细粒度的访问控制，实现云计算环境范围内访问控制策略的统一集中管理和实施，满足云计算应用系统灵活的授权需求，同时使安全策略能够反映高强度的安全防护，维持策略的权威性和可审计性，确保策略的完整性和不可否认性。

五是基础安全设备：用于为云计算环境提供基础安全防护能力的网络安全、存储安全设备，如防火墙、入侵防御系统、安全网关、存储加密模块等。

参考文献

[1] 李晓会. 网络安全与云计算 [M]. 沈阳：东北大学出版社，2017.

[2] 陈萱华. 基于云计算的网络安全研究 [M]. 天津：天津人民出版社，2016.

[3] 卿昱. 云计算安全技术 [M]. 北京：国防工业出版社，2016.

[4] 吕英华，杨振波，徐小峰. 网络安全与云计算 [M]. 海口：南方出版社，2018.

[5] 吴旭. 云计算环境下的信任管理技术 [M]. 北京：北京邮电大学出版社，2015.

[6] 彭福荣，魏亚利，王丹. 云计算技术与网络安全应用研究 [M]. 长春：吉林出版集团股份有限公司，2019.

[7] 程素芳. 云计算技术与网络安全 [M]. 长春：吉林教育出版社，2017.

[8] 赵凯，李玮瑶. 大数据与云计算技术漫谈 [M]. 北京：光明日报出版社，2015.

[9] 赵凤怡，农晓锋，陶亮. 网络安全与云计算 [M]. 长春：东北师范大学出版社，2015.

[10] 杨永强. 云计算环境下用户安全研究 [M]. 北京：中国政法大学出版社，2017.

[11] 郝卫东，王志良，齐宏岚，等. 云计算及其实践教程 [M]. 西安：西安电子科技大学出版社，2014.

[12] 许守东. 云计算技术应用与实践 [M]. 北京：中国铁道出版社，2013.

[13] 牛耕. 云计算环境下网络信息安全研究 [M]. 长春：吉林大学出版社，2017.

[14] 荆宜青. 云计算环境下的网络安全问题及应对措施探讨 [J]. 网络安全技术与应用，2015（9）：75-76.

[15] 张巍.云计算环境下网络技术的相关探讨[J].信息系统工程,2017(3):89.

[16] 滕鑫鹏.云计算环境中计算机网络安全的探索与思考[J].智能城市,2018,4(23):37-38.

[17] 钟锡珍.云计算技术在计算机网络安全存储中的应用分析[J].信息与电脑(理论版),2018(24):194-195.

[18] 罗旭.基于云计算环境下网络信息安全的思考[J].网络安全技术与应用,2018(7):69

[19] 才凯.云计算环境下网络信息安全技术发展研究[J].信息系统工程,2018(6):121.

[20] 庄明亮.云计算下网络安全技术的实现路径[J].中国新通信,2018,20(2):145.

[21] 张超.云计算网络安全态势评估研究与分析[D].北京邮电大学,2014.